建筑师的乡村设计

乡村自建别墅住宅

U0231419

郦文曦 编

化学工业出版社

·北京·

内容简介

本书分为两个主要部分：第一部分是设计引言，讲述了乡村别墅住宅的选址及场地分析、报建、常见别墅建筑风格、抗震与防火设计、庭院设计、施工要点等内容；第二部分是近年来一些较为典型的案例分析，介绍了建筑的空间组织、材料运用，包含实景照片、设计图纸、文字描述等，在分析设计手法的同时，也剖析了施工过程中遇到的难点及解决措施。

本书适合建筑设计师、建筑相关专业院校师生、农村自建别墅房主阅读。

图书在版编目（CIP）数据

建筑师的乡村设计：乡村自建别墅住宅 / 郦文曦
编 . —北京：化学工业出版社，2022.9（2024.6重印）
ISBN 978-7-122-41883-8

Ⅰ.①建… Ⅱ.①郦… Ⅲ.①农村住宅-建筑设计
Ⅳ.①TU241.4

中国版本图书馆 CIP 数据核字（2022）第 130041 号

责任编辑：毕小山　　　　　　装帧设计：米良子
责任校对：宋　玮

出版发行：化学工业出版社 (北京市东城区青年湖南街 13 号 邮政编码 100011)
印　　装：北京瑞禾彩色印刷有限公司
787mm×1092mm　1/16　印张 15 字数 340 千字　2024 年 6 月北京第 1 版第 3 次印刷

购书咨询：010-64518888　　　售后服务：010-64518899
网　　址：http://www.cip.com.cn
凡购买本书，如有缺损质量问题，本社销售中心负责调换。

定　　价：98.00 元　　　　　　　　　　　　　　　　版权所有　违者必究

前言

直面厚土的建造

居住是人的基本需求，而诗意地栖居是关于居住的最高理想。在基本需求和最高理想之间，横亘着一座建造之桥。在通往中国乡村振兴的桥上，我们面对的是无数真实且鲜活的个体。

在高速城镇化和新农村建设的背景下，在混凝土技术趋于成熟的语境里，中国乡村的建设推进迅猛。为了满足基本需求，自建房往往来不及思考什么是设计就开始动工了。为了快速廉价地建房，一些工头会根据已有的经验来排墙立屋，图纸往往是直接套用的。这也是为什么绝大多数乡村住宅的外形和内部格局大同小异的原因。

住宅的内部布局一旦被统一，将一定程度上限制个人生活的自主性。家宅是人生活时间最长的地方，而每个人的生活习惯差别非常大。在如此大的差别下，相似的住宅空间显然无法满足诗意栖居的理想。

在这点上，日本的别墅住宅设计值得借鉴。例如，东京的建设用地稀缺，住宅的用地面积往往仅有几十甚至十几平方米。但是日本建筑师在有限的地块上创造出了丰富的居住样态，延续了当地的街区文化和邻里关系。

令人欣慰的是，我国也有一些优秀的建筑师，他们抵抗着套用图纸的低质量建造，从使用者生活的环境出发，尝试利用当地的施工工艺、易获取的材料来营造空间。他们尊重屋主的生活习惯，设计出了既满足功能需求同时又具有空间精神的场所。本书遴选的设计作品以地方风土为出发点，在对原场地深度踏勘的基础上形成设计。它们有的保留场地古树形成庇护感强烈的空间，有的顺应场地的水系来营造景观，有的利用场地高差来丰富行走体验，有的用设计来探讨围合、覆盖等建筑学本体语言，有的试图从低成本建造的角度讨论什么是可持续的、绿色的、可以生长的建筑。

乡村住宅的建设对设计团队的考验是全方位的。他们需要面对图纸之外的诸多问题，如施工队习惯了传统自建房的做法，很少研究节点和图纸，一些建筑工人甚至看不懂图纸。这就需要建筑师亲力亲为，现场指导。又如自建别墅往往用地范围小、坡度大，于是建设难度就会相应增加，建筑师需要多次踏勘，根据现场水文地质条件随机应变来做设计布局。

本书收录的案例是近年来中国乡村别墅住宅设计的经典。这些独立住宅类型多样，结构不局限于框架式，内部空间更是精彩迭出。其面貌与普通乡村别墅截然不同，让人看到了中国乡村住宅设计的亮点。书中建筑师大胆尝试各种方式，运用多种空间组织模式，结合地方材料，在有限的基地面积和低技术的乡村施工环境下创造出了众多优秀作品。在这些作品里，我看到和煦的阳光洒在客厅的地板上，听到庭院里的鸟鸣，感受到了远眺山景的惬意，居住的诗意在纸面涌现。

在乡村振兴的大潮里，唯有脚下的厚土是源源不断的创作滋养。古往今来，建筑家的创作往往始于住宅。一位优秀的建筑师，必然是一位生活家，用作品回馈生养自己的土地更是建筑师的理想。中国乡村需要更多这样的建筑师和作品！

郦文曦

于中国美术学院象山校区

2022 年 5 月 13 日

郦文曦

早稻田大学建筑学博士，特聘研究员
德国国家设计奖得主
日本建筑学会正会员
郦文曦建筑事务所主持建筑师
中国美术学院建筑学院教师
上海交通大学客座导师

　　郦文曦先生在建筑创作领域兼具学术与实践的双重影响。其研究成果发表在《时代建筑》《新建筑》《建筑师》《The journal of architecture》《日本建筑学会计划系论文集》等国内外重要期刊上。其实践作品获德国国家设计奖、标志性设计奖、日本 Circos 国际建筑竞赛第一名、中国环境艺术青年建筑师奖等国内外重要奖项。他的手稿和设计模型被以下机构展出：IDW 国际设计周、中英国际青年建筑师巡展、世界最佳住宅展（意大利）。郦文曦建筑事务所在 2019 年获评有方年度事务所，近期建造的作品包括四件异尺度家具、边界住宅、地平线上的红色音符之屋、间之家、天美剧场前厅改造等。它们被发表在《世界建筑导报》《domus》《id+c》、有方、谷德设计网、ArchDaily、Architizer、Designboom 等多家国内外知名媒体上。

目录

设计引言 / 001

1 别墅概述 / 002
1.1 什么是别墅 / 002
1.2 我国别墅住宅的现状及发展趋势 / 003

2 乡村自建别墅住宅的选址及场地分析 / 004

3 乡村自建房屋的报建 / 005

4 常见的乡村自建别墅住宅风格 / 008
4.1 现代简约风格 / 008
4.2 新中式风格 / 009
4.3 新古典风格 / 011
4.4 北美风格 / 011

5 别墅庭院设计 / 012
5.1 别墅庭院设计的基本原则 / 013
5.2 常见的别墅庭院风格 / 014

6 房屋的抗震与防火设计 / 017
6.1 抗震设计 / 017
6.2 防火设计 / 018

7 乡村自建别墅住宅施工要点 / 019
7.1 地基基础 / 019
7.2 墙体砌筑 / 020
7.3 屋顶施工 / 021
7.4 门窗安装 / 023
7.5 水电安装 / 024
7.6 常用建材的选择 / 024
7.7 施工安全 / 028
7.8 房屋的安全使用 / 029

案例赏析 /031

重庆·椒园——稻田里的农舍之家 /032
右堤路仟宅——京郊合院的再生 /050
龙游后山头 28 号宅——乡居倒影，旧风景里的新家 /066
四合宅——"开放式"四合院里的休闲度假空间 /082
磐舍——用石头建成的北方传统合院式民居 /094
北京延庆乡间居所——废弃农舍的新生 /110
杏花径住宅——被杏树环绕的改造新屋 /122
兰舍——隐于半山腰的生态居所 /130
四方居——供身在四方的儿女回家相聚的居所 /146
崇明岛沈宅——半层组合的空间游戏 /160
间之家——在分离与穿透之间的日常 /174
边界住宅——一曲生活的民谣 /186
陆宅——崇明岛上的万花筒住宅 /202
王宅——面向田园的"弓"字形住宅 /216
山麓上的白色住宅——乡建新民居探索 /224

设计公司名录 /232

设计引信

别墅概述

乡村自建别墅住宅的选址及场地分析

乡村自建房屋的报建

常见的乡村自建别墅住宅风格

别墅庭院设计

房屋的抗震与防火设计

乡村自建别墅住宅施工要点

别墅概述

1.1 什么是别墅

  别墅通常建造在郊区或者风景区等自然环境较好的地带,属于改善型住宅。除了要满足居住的基本要求外,还应体现生活品质,并且具备一定的舒适性。在别墅的选址及设计过程中,要充分结合其所在地的自然景观,因地制宜,灵活布局。在合理的尺度范围内,选择合适的建筑形态,从而为居住者打造出既符合其个人风格和追求又与周围环境互相融合的舒适居住空间。根据别墅的建筑形式,可将其划分为独栋别墅、联排别墅、双拼别墅、叠加式别墅、空中别墅等。其常见的建筑风格包括新中式风格、现代简约风格、美式风格、古典欧式风格、新古典风格、日式风格等。

隐于半山腰的中式生态居所
© 兰舍 / 之行建筑设计事务所（设计）/ 山兮建筑摄影 陈远祥（摄影）

现代感十足的纯白色建筑
© 王宅 / 元秀万建筑事务所（设计）/ 吕晓斌（摄影）

1.2 我国别墅住宅的现状及发展趋势

今天的别墅是将城市生活与乡村生活结合在一起的载体，其建筑及室内精致的设计可以满足城市居民对于居住空间的要求，同时其所处的位置环境以及相对独特的自给自足的生活方式可以对居住者的心理起到一定的调节作用，让他们远离城市的喧嚣，体验自然生活的本真。

随着我国乡村建设进程的不断加快和社会生活内容的更新，越来越多在城市打拼的年轻人回到他们儿时生活的乡村，建造属于自己的别墅住宅。农村产业化升级以及农民收入的增加，也促使他们通过建造别墅住宅来改善家庭成员的居住条件。现如今别墅渐渐向小型化发展，昔日的豪宅也逐渐回归理性，人们不再盲目地追求奢华，而是更加注重别墅的实用性和它能带给人们的生活品质，因此能体现业主个性化需求的经济型别墅或私宅开始逐步占据市场。除此之外，在可持续发展理念的引导下，低能耗、绿色、科技已成为设计师在设计之初便要考虑的问题，绿色科技及环保型建材也被更多地应用到别墅的设计和建造中。在别墅的选址和设计中，自然景观资源成为重要的考虑因素之一。设计师应该以别墅周边的自然环境为依托，结合其所在地特有的人文资源，并对其进行整合，从而对别墅的建筑设计和景观规划做出更好的判断，并给出最佳方案。

例如本书中收录的位于重庆市近郊乡村的椒园，其周边环境林木葱郁、视野开阔，是典型的西南山地田园风光。业主向往"故人具鸡黍，邀我至田家"的乡居生活，希望在这片上地上建造属于他们的郊野乡居。设计者在设计之初便思考建筑应该以何种状态参与到这样的乡村肌理和景观秩序之中。设计师们希望建筑"落地生根"，不是介入者而是作为参与者，以一种符合野间气质的形式锚固其中。

© 重庆·椒园/悦集建筑（设计）/ PrismImage建筑摄影（摄影）

2 乡村自建别墅住宅的选址及场地分析

对于在乡村修建别墅的业主来说，除了要注重建筑的美观性，还要考虑其安全性和实用性，因此对于建房基地的选择尤为重要。应首选在适宜修建房屋的用地上建房，避免在不适宜修建房屋的用地上建房，不应在危险场地建房。2021 年 11 月，住房和城乡建设部发布《农村自建房安全常识（文字部分）说明》，对于建房的选址给出了以下具体的分析。

村庄用地根据是否适宜于建设，通常划分为三类。

（1）有利地段——适宜修建房屋的用地

如地形平坦、规整、坡度适宜，地质良好，没有被洪水淹没或发生泥石流的危险。这些地段因自然条件比较优越，适于农村乡镇各项设施的建设要求，一般不需或者进行简单地基处理即可进行房屋的修建。属于这类用地的有：

①地基土承载力较高的地段，如稳定基岩，坚硬土，开阔、平坦、密实、均匀的中硬土等，基底开挖到一定深度赶平压实后不需另做处理，可节省地基基础的工程费用；

②地下水位较深，一般低于房屋的基础埋置深度的地段；

③不会被 30 ～ 50 年一遇的洪水淹没的地段；

④平原地区地形坡度，一般不超过 5% ～ 10% 的地段；在山区或丘陵地区地形坡度，一般不超过 10% ～ 20% 的地段；

⑤没有冲沟、滑坡、崩塌、岩溶、地陷、地裂、泥石流及地震断裂带、地下采空区等潜在不良地质灾害的地段；

⑥地势相对较高的地方，或有可靠的防洪措施的地段，或采用简单措施即可迅速排除积水的地段。

（2）不利地段——基本上可以修建房屋的用地

在这类用地上建房时，必须采取一定工程加固处理措施。属于这类用地的有：

①地基承载力较差，或属于一般软弱土、膨胀土、湿陷性黄土等不良土质地段，修建房屋时地基需要采取措施进行地基处理，增强地基承载力和不均匀性；

②地形坡度或起伏较大，修建时需要较大挖、填土方工程的地段，对于填方要进行地基处理；

③河岸和边坡的边缘、古河道、疏松的断层破碎带与回填场地等，也需要进行地基处理；

④非岩质的陡坡附近建房，确定不能避开时，应做护壁以保证房屋安全，

包括房屋周边陡坡和房屋场地所处陡坡。

（3）危险地段——不适宜修建房屋的用地

具体指以下几种情况：

①地震时可能发生滑坡、崩塌、地陷、地裂、泥石流等及地震断裂带上可能发生地表位错位的地段；

②有严重的活动性冲沟、滑坡、泥石流和岩溶的地段；

③经常受洪水淹没的地段；

④地基承载力极低的地段，如厚度在 2m 以上的泥炭层、流沙层等，需要采取很复杂的人工加固措施的地段，会大幅增加建房成本；

⑤其他限制建设的地段，如具有开采价值的矿区，自然保护区，给水水源防护地带，现有铁路、机场用地、军事用地及高压输电线路和地下管线所穿越的地段。

乡村自建房屋的报建

随着农村新建及翻修房屋数量的不断增加，非法占用耕地的情况时有发生。为了加强对耕地的保护，合理利用农村土地，我国于 2018 年重新明确了农村土地产权，对于乡村住宅的土地使用也管理得越来越严格。因此，对于想要在农村建造别墅或者翻新老宅的人来说，一定要对相关政策有所了解。无论是在原宅基地上拆旧建新还是选址新建，都涉及土地总体利用规划问题，需办理乡村建设规划许可证，再由镇政府村镇建设管理站派员到现场放线后才可动工建设。否则，整个拆除及建造过程就属于违规建设。

对于农村的宅基地管理，可依照各地的农村宅基地管理办法来进行管理。其制定依据为《中华人民共和国土地管理法》《中华人民共和国物权法》等相关法律法规，结合农村当地具体情况来对用于建造住宅的集体所有土地进行管理。

目前，我国实行的是农村宅基地申请制度，农村家庭以户为单位，每户只能拥有一处宅基地。农村村民建房，必须与乡（镇）土地利用规划相一致，并尽量使用原有宅基地和村内空闲地，避免占用耕地。农村村民建房，应经乡（镇）人民政府审核，县级人民政府批准；涉及占用农用地的，应依照土地管理法的规定办理审批手续。由于不同省份及地区对于宅基地的管理有各自的标准，因此在申请宅基地之前，需要仔细了解各地的宅基地管理办法，以免造成违规操作。

以浙江省为例，《浙江省农村宅基地管理办法》对于宅基地使用面积的核定标准、计算方式、申请条件等均做出了详细说明。建房者及相关设计者应提前关注并了解管理办法中的各项具体内容，使设计及建造的过程更为规范。

以收录在本书中的龙游后山头 28 号宅为例，该项目位于浙江省衢州市龙游后山头村。在设计之初，设计师面临的挑战之一便是政府要求该宅基地占地面积不能超过 120 ㎡，层数不能超过三层。在这样的框架内怎样才能设计得既有趣又富有人文关怀，是设计师需要重点思考的问题。

龙游后山头 28 号宅建筑外观及室内设计
© 龙游后山头 28 号宅/中国美术学院风景建筑设计研究总院（设计）/施峥（摄影）

《上海市农村村民住房建设管理办法》指出：农村村民实施建房活动，应当符合规划、节约用地、集约建设、安全施工、保护环境、注重风貌。农村村民建房的管理和技术服务，应当尊重村规民约和村民生活习惯，坚持安全、经济、适用和美观的原则，注重建筑质量，完善配套设施，落实节能节地要求，体现历史文化和乡村风貌。除此之外，该管理办法还对每户不同人数情况下的宅基地申请面积、宅基地面积计算标准以及宅基地申请标准进行了明确的说明，以供上海地区的农村村民建房参考。

以位于上海市崇明岛的陆宅为例，老宅是 20 世纪 80 年代的建筑，设计师在和业主充分沟通之后，决定把原建筑拆除并原地新建。根据老房屋的体量

纯白色的建筑外观

© 陆宅/元秀万建筑事务所（设计）/吕晓斌（摄影）

和面积，结合当地土规政策，建筑首层要控制在 160 ㎡ 以内。起初因为不了解当地土地规划政策，设计师设计了一个合院的方案超出了规定面积，所以方案并没有通过审核。后来这个建成的房子采用了修改后的方案，将建筑首层面积控制在了当地政策允许的范围以内。

　　北京市政府出台的《北京市人民政府关于落实户有所居加强农村宅基地及房屋建设管理的指导意见》（以下简称《意见》），共计 22 条内容。《意见》指出：村民一户只能拥有一处宅基地；严禁城镇居民到农村购买宅基地和宅基地上房屋；严禁社会资本利用宅基地建设别墅大院和私人会馆，严禁借租赁、盘活利用之名违法违规圈占、买卖或变相买卖宅基地；等等。

　　《意见》还指出，村民应严格按照批准面积和建房标准建设住宅，禁止未批先建和超面积、超高度建房。对按照统一规划批准易地建设住宅或集中居住的，应严格按照"建新拆旧"的要求，依据相关规定退出原有宅基地。同时，加强建房设计管控，依法、合理取得宅基地的村民申请在宅基地上新建、改建、扩建、翻建房屋（以下简称村民建房，包括住房和附属用房）的，要严格依据村庄规划对房屋间距、层数和高度，基底面积和高度等规范的标准执行。同时，要加强村民建房风貌管控，村庄内建筑风貌应相互协调，鼓励引导村民选用有关部门无偿提供的通用标准图集进行建设，也可委托设计单位、施工单位、国家注册专业人员进行设计。村民建房要严格按照建房批复进行，可自行施工，也可选择施工单位、国家注册专业人员及其组织的施工队伍或者经住房城乡建设部门培训合格的建筑工匠承接施工并签订施工协议。施工过程中，要遵守国家和本市建筑安全、消防安全、环境保护、抗震设防和绿色发展等有关要求，便于消防取水和消防车辆通行，形成施工记录。房屋建成后，乡镇政府要组织相关人员到现场对房屋位置、面积、层数、高度以及抗震设防和绿色发展措施落实情况等进行验收。

位于北京市延庆区废弃山村里的新民居
© 北京延庆乡间居所 / 甲乙丙设计 + 在场建筑（设计）/ 在场建筑 2020、甲乙丙设计 2020（摄影）

4
常见的乡村自建别墅住宅风格

4.1 现代简约风格

　　简约主义来源于 20 世纪初期的西方现代主义，而欧洲现代主义建筑大师密斯·凡·德·罗的名言"Less is more"（少即是多）则被认为是简约主义的核心思想。现代简约风格建筑的外立面简洁流畅，以装饰线、带、块等异形屋顶为特征，强调立面的立体层次感。没有过分的装饰，一切从功能的角度出发，讲究空间的结构与比例，代表现代生活节奏，简约实用且充满朝气。很多人把现代简约风格误认为"简单＋节约"，其实不然。该风格是将设计中使用到的原材料、色彩、设计元素、装饰元素、照明设备等简化到最少的程度，并且通常运用新材料、新技术、新手法，虽然将原材料进行了简化，但它对材料、色彩的质感要求很高。简约的空间设计往往能达到以少胜多、以简胜繁的效果。以简洁的形式来满足人们对空间环境的感性、理性及本能的需求。

　　现代简约风格主要用直线来营造空间简约、硬朗的风格，局部的曲线元素则起到点缀的作用。通常选择以黑色、白色、灰色、棕色、原木色为主的线条简约流畅的现代风格家具，并且要做好软装搭配。此外，适量使用钢化玻璃、不锈钢、瓷砖等新型材料作为辅材。金属和陶艺装饰品的运用，也是现代风格家具的常见装饰手法，能给人带来前卫、不受拘束的感觉。金属是工业化社会的产物，也是体现简约风格最有力的手段。各种不同造型的金属灯，都是现代简约派的代表产品。但是无论是家具、灯具还是陈列品，在选取上都要符合空间的整体风格和设计主题，并且符合人体工学，满足舒适感。

　　现代简约风格的别墅住宅通常采用玻璃，让自然光线充分投射到室内，使得空间明亮舒适并且能够在视觉上起到放大空间的作用。在不同的空间里，色彩与光线的搭配对人的情绪调节起到至关重要的作用。因此书房、客厅、卧室、儿童房、餐厅等不同空间在设计中要注意不同色彩的选用。客厅和餐厅通常选用较为明亮的淡色系，卧室则侧重于温馨的色彩，儿童房配色可以相对活泼，书房追求安静，适宜采用冷色调。

　　例如，位于江西省赣州市的山麓上的白色住宅，这是一座独守山麓的静谧白屋。设计师既不崇洋、亦不复古，从功能出发，以简单的几何体块构建空间。在农村，新房子常被当作外化的脸面，流于浮华攀比，于是许多半土不洋的欧式小楼就流行了起来。而这座建筑却不然，它方正、纯白，实实在在生于山麓。当房子建成后，人们就已经看出来，这个房子跟周围十里八乡的不一样。它的极简气质与乡村现有建筑的差异化，使得设计价值最终释放，超越了邻里的界限，将"怪异"化解成"新鲜"，直至释怀接纳。

干净、简洁的白色外立面
© 山麓上的白色住宅 / 铭鼎空间艺术工作室（设计）/ 欧阳云（摄影）

简约舒适的室内空间
© 山麓上的白色住宅 / 铭鼎空间艺术工作室（设计）/ 欧阳云（摄影）

4.2 新中式风格

中国古建筑历史悠久，是中国传统文化与劳动人民智慧的结晶，在当代社会仍然具有工艺和美学价值。今天，结合人们新的使用需求和新的建造技术，并对建筑空间不断改良，新中式风格的建筑应运而生，不仅保留了传统中式文化的精髓，同时注入了更多现代化的设计元素，在很大程度上提高了舒适度，也使得更多的空间得到了更好的利用。例如，地下室被用作储藏或者非常用生活空间，增加了对空间的利用率；设计独立的室外庭院，给家人提供一处亲近自然的场所，成为人们的精神寄托，同时也能衬托出中式住宅的文化底蕴；退台的设计既增加了空间私密性，保护了业主隐私，也使得空间形式更加多变。

就建筑外观而言，新中式风格的别墅或自建房虽然在形式、材料上更加现代，功能更加符合现代人的使用需求，但仍然保留了中式神韵，可以看出"天人合一"，追求人与环境的和谐共生，以及整体居住环境的沉稳和安全感。中国幅员辽阔，不同地区的建筑风格、文化以及自然条件差别较大，因此建筑风格也不尽相同。其中，北方地区以合院式建筑为主，南方地区则以园林式建筑为主。

合院式住宅盛行于北方地区，组成院落的各幢房屋通常是互相独立的，外墙较为厚重，门窗皆开向内院，屋架结构采用抬梁式构架，冬暖夏凉。北京四合院是合院建筑的代表。完整的北京四合院通常由三进院组成，一般按照南北方向的轴线对称布置房屋，不同的房间有不同的用途。其中正房最为尊贵，多用于长辈居住或者接待尊贵宾客。其外观多为灰色坡屋顶，建造材质以灰砖红砖为主，有较为宏大的气势，庭院空间方阔，尺度适宜，宁静又舒适。除此之外，晋中、晋东南、关中等地区的居所也多采用合院的模式，建筑坐北朝南，其院落呈南北狭长形状。

江南地区素有"鱼米之乡"的美誉，地势平坦，河流纵横交错，自然资源丰富，环境宜人。以苏州地区园林为例，其园林风格以小巧、雅致见长，园宅合一，既可居住也可观赏，充分展现了人与自然的和谐共生，为人们提供了充满诗意的居所。再如安徽地区盛行的新徽派别墅，取消了复杂的装饰构件，使得建筑模式有所简化，同时设计有大面积的玻璃门窗来满足现代生活的追求，丰富的庭院空间也是一个重点，建筑和庭院空间相互交融，使室内和室外的界限模糊起来，让生活更加贴近自然。根据地形与气候特征，别墅多为两层或三层，依山傍水，层楼叠院，白墙黛瓦，犹如美丽的中国水墨画，朴素中透露出俊秀。

位于河北省唐山市的"四合宅"的设计概念源自传统居住空间原型——四合院。四合院是一种内向型的建筑，由四向房屋围合一个庭院。建筑外部是封闭的，进入内部则完全开放，这使得个体生活缺乏私密性。结合这个特定场地和度假休闲的使用条件，设计师们决定把四合院变为"四合宅"。

建筑围合形式
© 四合宅/建筑营设计工作室（设计）/王宁（摄影）

厅堂与外部优美的风景互通共存
© 四合宅/建筑营设计工作室（设计）/王宁（摄影）

在保持四向房屋各自独立的前提下，将"院"置换为有顶的厅，将四面围合转变为四面开放，让厅堂与外部优美的风景互通共存，同时兼具个体生活的私密性与接待活动的开放性。

4.3 新古典风格

新古典风格的别墅是由古典风格简化而来，在色彩和材质上风格大体一致，但是线条、装饰等方面均有所简化。在建筑外观上，正立面通常有一排彰显气度的柱廊或双柱。墙面、窗户、窗顶和屋檐等处有精细的雕花装饰，尽显豪华气势。墙体一般由石块砌成，立面常显对称。屋顶通常有平式或低坡度两种形式。在室内设计上，墙面部分抛弃了复杂的欧式护墙板，使用提炼过的石膏线勾勒出线框，把护墙板的形式简化到极致。墙纸是新古典风格中的重要装饰材料，金银漆、亮粉、金属质感材质的全新引入，为墙纸对空间的装饰提供了更广的发挥空间。地面大多使用具有天然纹理的石材和木材，家具多为实木，虽有古典风格的曲线和曲面，但少了古典的雕花，又多用现代家具的直线条，彰显出厚重与轻奢的格调。窗帘以纯棉、麻质等自然舒适的面料为主，图案讲究韵律，弧线、螺旋形状较常出现，力求在线条的变化中充分展现古典与现代结合的精髓。常见的壁炉、水晶宫灯、油画、罗马柱亦是新古典风格的点睛之笔。白色、金色、黄色、暗红色是欧式风格中常见的主色调，少量白色糅合，使色彩看起来明亮、大方。新古典风格为舶来品，因此在设计此类风格的别墅住宅时，设计师一定要把握好设计尺度与设计精髓，切不可盲目追求奢华。

4.4 北美风格

北美风格的别墅住宅相比于欧式新古典风格来说，给人感觉更加简约、大气、轻松、无拘束。北美风格实际上是一种混搭风格，同时借鉴了欧洲古典时期的风格、文艺复兴时期的古典风格、中世纪时期或是现代风格，将多种成熟的建造风格融为一体。在室内设计上，该风格喜欢使用多种鲜艳的颜色，并配合植物与花卉装饰。床品、桌布、窗帘等也经常使用花卉图案，营造舒适又温馨的感觉，充满田园风情。客厅作为主要的休闲和待客区域，通常被设计得简洁明快。石头壁炉是北美风格别墅的重要标志之一，但现实中多作为装饰而保留。家具的摆放比较复古，可以配合一些仿古艺术品起到装饰的效果。卧室的布置通常较为温馨，寝具多带有层层叠叠的碎花，多用温馨柔软的成套布艺来装点，同时在软装和用色上非常统一。作为主人的私密空间，主要以功能性和实用舒适为考虑的重点。书房的整体轮廓很简单，但是内部精巧的软装十分丰富。羊皮卷、鹅毛笔、油画等作为装饰品，充分凸显复古韵味与书卷气息。

5

别墅庭院设计

　　在人们的印象中，乡村总是与优美的自然风光联系在一起。随着乡村经济的发展和住房条件的升级，人们对乡村别墅庭院景观的要求也在日益提升。过去，乡村庭院的最主要用途是晾晒农作物，而现在除了实用性以外，人们越来越重视庭院带来的享受性体验，因此别墅庭院的设计也逐步专业化。

建筑露台前方的小庭院
◎ 四合宅 / 建筑营设计工作室（设计）/ 王宁（摄影）

由建筑围合而成的庭院
◎ 磐舍 / DK 大可建筑设计（设计）/ DK 大可建筑设计（摄影）

庭院水景
◎ 兰舍 / 之行建筑设计事务所（设计）/ 山兮建筑摄影 陈远祥（摄影）

别墅庭院是从事户外休闲活动及亲朋聚会的主要场所。好的庭院设计能为居民创造一个美观、舒适的休息环境，有利于调动家庭成员之间的互动积极性，为他们提供更好的交往场所。同时，庭院设计有助于改善乡村整体面貌，通过合理的植物栽种起到美化自然环境、调节生态系统的作用，净化水体和空气，创造更健康自然的生活环境。

5.1 别墅庭院设计的基本原则

（1）尊重自然环境及植物生长规律

每种植物都有其特定的属性和适宜的生长环境，因此在选择庭院植物的时候，要做到因地制宜，适地适树，并且考虑到植物生长对温度、湿度、光照、土壤、种植密度等方面的要求，合理栽种并做好后续的养护工作，营造良好的生态环境。

（2）尊重文化属性

庭院设计风格多样，每种设计风格都能在一定程度上反映出某种文化的内涵，在设计中也能体现出文化的差异性。由于文化、气候、经济等环境的差别，部分设计人员机械地将日式、美式、欧式等庭院设计风格搬运到国内，不仅没有体现出设计精髓，还会造成庭院风格与建筑风格不符，破坏乡村原有的风貌。因此，在庭院设计过程中，要保证庭院风格与建筑风格以及周边自然环境的协调。

（3）合理的设计元素搭配

在庭院设计过程中应尽量避免过于琐碎的设计元素，遵循简约原则，使空间使用尽量最大化。可以通过高低起伏的地形、伸入水面的栈台、错落有致的植物搭配，营造出动静相宜的和谐画面。另外，在庭院内部适当布置一些假山，用鹅卵石或者木质板铺路等方式彰显自然的气息。道路与景观小品的布局需要设计师的精心设计。除此之外，还可以通过植物的搭配达到划分空间层次的效果。如通过种植地被植物、乔木、灌木等把纵向空间分割成不同的层次。业主也可以根据自己的需要和爱好而选择不同形态的花木，例如椭圆形、扇形、菱形或丛状形等。

（4）做好预算，保证庭院使用的可持续性

无论是庭院的设计、施工还是后期的维护与管理，都离不开资金的投入。如何兼顾庭院的使用功能和经济性，是在设计初期就要考虑的问题。目前很多的景观设计往往比较重视设计和施工过程中所耗费的成本，并没有考虑到后期的使用和管理，因此在很大程度上增加了后期成本。对业主而言，如果后期维护成本过高，则很有可能会造成维护不到位、庭院被废弃等情况。

（5）做好功能分区，注重庭院的功能性和体验性设计

设计的最终目的是服务于人，因此满足使用者对于庭院功能性和体验

性的要求是极为重要的一点。设计师应该去了解不同家庭成员对于建筑及环境的功能需求，从而对不同的功能区域做出规划。例如老人需要的用于喝茶的凉亭，孩子需要的户外活动设施，中年人想要的安静的阅读和观赏空间等。让他们通过不同空间获得更好的感官体验，提升景观设计的实用价值。除此之外，庭院设计师也需要考虑到当地特殊的文化习俗，加强景观设计与文化之间的互通性，使乡村庭院具有更加丰富的文化内涵。

5.2 常见的别墅庭院风格

别墅庭院的风格通常与建筑风格一致。较为常见的中式庭院、日式庭院、美式庭院、欧式庭院在植物和小品的选取上各具特色。下面简单介绍上述风格的庭院设计。

（1）中式庭院

中式庭院"崇尚自然，师法自然"，建筑、山水、植物融为一体，在有限的空间内模拟自然中的美景，创造天人合一的艺术综合体。在情景交融之下，赋予了植物特殊的品格。最具代表的植物便是兰、梅、竹、菊、松、荷花等。人们通常赋予它们纯洁、高尚的寓意，将其用作庭院植物，即能装饰点缀，也能借景传情，表达超凡脱俗的品位。中式庭院的铺装以碎石、卵石、瓦条、碎瓷片、砖材、木质地板等为材料，构成层次鲜明、形式丰富的纹理，给人古朴清新、巧夺天工之感，将中式意蕴展现得淋漓尽致。

（2）日式庭院

日式风格的庭院与禅宗文化联系紧密，其中枯山水庭院最为典型。其代表性设计元素包括白沙、青石、苔藓、石灯笼、洗手钵、石钵等。常见的庭院植物主要有竹子、松柏、红枫、樱花、梅花等，以凸显宁静、禅韵的氛围。常见的日式庭院大多以白沙铺地，这样不仅可以保护地表，避免尘土飞扬，同时也可以起到造景的作用，兼具功能性与装饰性。池塘四周常铺圆形鹅卵石，庭院中央多由石头装饰，同时起到隔景、障景的效果。日式庭院的景观小品种类很多，材质也各不相同，但以石制的最多，精心挑选的岩石被根据需要布置在不同的位置。

（3）美式庭院

美式庭院注重自然气息里的温馨舒适感，追求休闲、舒畅的田园生活情趣。在设计上简洁大气，装饰元素主要包括遮阳伞、镂空实木架、躺椅、秋千、烧烤架等；绿植的选择主要有栀子、木槿、月季等灌木类植物，香樟、夹竹桃、银杏、合欢、紫荆、白玉兰等乔木植物，爬山虎、常春藤等藤本植物以及草坪。植物没有过多的修剪，多呈自然的群落分布，反映出庭院主人悠闲的生活态度。

（4）欧式庭院

欧式庭院崇尚有秩序和规则的美感，多注重平衡与比例关系，强调轴线景观序列，讲究对称及仪式感。庭院内的基本元素有雕像、喷泉、水池、造型树等。庭院植物以修剪整齐的树篱和灌木为主，花卉较少，且颜色单一。常见的造景植物包括黄杨、黄金叶、珊瑚树、熏衣草、欧洲七叶树、英国梧桐、枫树等。小型的喷泉、雕塑、陶罐等装饰组合到一起达到了复古的效果。道路铺装以天然石材为主，碎石、大理石、鹅卵石被广泛使用。在广场中交叉使用一些色彩有对比的整齐石材铺装，以打破自然形式，表现出秩序感。

中式风格水景庭院
◎ 重庆·椒园 / 悦集建筑（设计）/PrismImage 建筑摄影（摄影）

（5）以种植蔬菜为主的乡村庭院

对于很多"归隐乡村"的城市居民来说，开辟一处菜园，在空闲时体验家庭园艺带来的闲趣，是一种感受田园气息的好方式。在设计庭院的时候，设计师可以将墙边角、有土壤露出的石阶等地规划为种植区，合理利用有限的土地空间。除此之外，还可以采用多功能种植箱来种植蔬菜。它可以直接放在铺满砖的庭院里，方便移动并且可以避免雨后泥土被冲刷流失。对于爬藤类的果蔬，可以在庭院内设置藤架，或者直接利用庭院的围栏供其攀爬生长，既节省空间也能增添别样的景观效果，还能在夏天提供一处遮阳的休闲场地。多变的观赏性菜园设计可以通过不同的蔬菜种类或者蔬菜颜色来对空间进行划分，不仅有时尚的美感，还能自给自足，让人们体会到田园耕作的乐趣。

建筑前的院子被打造成一处菜园
© 龙游后山头 28 号宅 / 中国美术学院风景建筑设计研究总院（设计）/ 施峥（摄影）

6 房屋的抗震与防火设计

6.1 抗震设计

地震是较为常见的自然灾害之一。相关资料显示，地震中95%的人员伤亡是由房屋倒塌造成的，因此房屋的抗震设计对于房屋使用的安全性影响极大。目前我国农村存在大量自建房，这些自建房大多没有经过专业的设计，因此抗震能力普遍较差，安全隐患较大。

农村住房抗震设计中存在的问题大致包含如下几个方面。

①选址不恰当，地基不牢固。个别房屋选址在山坡、陡崖、地质断层处，或者是选址在土质疏松、不均匀处，均不利于房屋的稳定性。

②房屋结构不规则、不合理。很多村民在自行建造房屋时，没有充分考虑房屋结构体系的抗震性能，同时根据主观意愿和爱好选择了不规则的平面布局形式，如"L"形。这类形状不规则的建筑在发生地震时坍塌的风险更大。

③墙体结构不规范。墙体筑砌过程不规范，如墙体上窗户的面积过大，墙体作为大梁的支座承受的压力过大等因素，都可能造成墙体不牢固，抵御冲击力的能力较差。

④圈梁和构造柱的位置及结构连接构造不合理，从而导致房屋抗震延性较差。

⑤屋顶架构及选用的材料不合理。

⑥仅凭经验施工，未按规定进行结构抗震计算。

⑦选用建材强度不够。乡村住宅的建材多选用木头、砖土等天然材质，且很少对材料进行防腐处理，因此在猛烈外力的冲击下更容易被破坏。

⑧经济落后，居民缺乏抗震意识。有些平原地区很少发生地震，村民常常忽略地震方面的知识积累以及房屋抗震设计，想当然地认为地震不会发生在自己的生活地点。因此村民更愿意把钱花在装潢上，而非抗震设计上。

加强房屋抗震性的具体措施如下。

①慎重选址，尽量避开前文所提及的不适宜建房的地点。

②在设计时尽量采用相对规整的平面布局及立面样式。平面不宜局部突出或凹进，立面不宜高度不等，避免墙体承重太过不均。

③承重的纵横墙在平面内宜对齐，沿竖向应上下连续。在同一轴线上，窗间墙的宽度宜均匀。墙体布置合理时，地震作用能够均匀对称地分配到房屋的各个墙段，避免过早出现应力集中或扭转破坏。抗震地区严禁使用

空斗墙，禁止使用泥浆砌筑墙体。

④构造柱与圈梁形成房屋空间的骨架，在约束墙体的同时也能提高墙体的抗震承载能力，避免过早开裂。因此，合理确定圈梁和构造柱的位置，加强连接构造，是提升抗震安全性的重要环节。为了保证墙体的抗震延性，应在房屋四大角及纵横墙交接处设置必要的构造柱。构造柱与墙交接处应设置马牙槎，并沿墙高每半米设置相应拉接钢筋，拉接钢筋深入每侧墙体要在1m以上。施工时应先砌墙后浇筑构造柱。

⑤尽量选用轻质材料，屋顶不要做太过笨重的附属物。砖混、砖木结构农房，楼面最好采用钢筋混凝土现浇板。当支承现浇板的墙顶设置钢筋混凝土圈梁时，圈梁应该和现浇板一起浇筑，以保证房屋的整体性。现浇楼板除了配置板底钢筋外，在承重墙或梁的位置还应配置板面钢筋。当使用预制板时，要保证预制板之间的相互拉接，板与墙体、圈梁的拉接，支撑长度等符合国家相关规范。保证预制板在承重墙或圈梁上的搁置长度不小于80mm。另外，板端之间、板边之间、板和圈梁之间要有可靠拉接，这样整体性才有保证。

⑥按照抗震设计规范对建筑进行抗震计算。《建筑抗震设计规范》（GB 50011—2010）第5章对于水平地震作用计算、竖向地震作用计算、截面抗震验算、抗震变形验算的具体算法均做出了详细的解析，可供相关从业人员参考。

⑦合理选用建材，筑砌材料一定要通过正规渠道购买，保证质量，并且对其进行必要的处理，保证建材强度，避免混凝土墙体开裂或木质结构腐化。

⑧加强政府层面的介入，做好地震防灾知识的普及工作，对当地工匠进行技能培训，并且加强房屋建造过程中的监督体系，做好验收工作。

6.2 防火设计

农村住宅在工程质量、建造水平、防灾减灾的技术措施上都相对落后，而火灾恰恰又是农村较为普遍的灾害之一，对乡村居民的生命和财产安全造成了很大的伤害。因此在乡村住宅的设计和施工上，应遵守《农村防火规范》（GB50039—2010），降低因设计、施工及选材不当而带来火灾的风险。

乡村地区自建别墅住宅在建筑防火设计上要根据当地自然及地理环境、建筑类型、所在地建筑规模等情况，因地制宜地制定相应的防火措施。当地村民委员会等基层管理组织要切实履行职责，做好消防安全检查工作，并配备必要的消防器材。宅基地选址应距离林区边缘300m以上，院内若堆放柴草等易燃物，应与建筑保持安全距离，切勿紧挨建筑。建筑物的墙体和屋顶应使用不燃材料和防火材料。

厨房作为可能使用明火的场所，在设计及施工中应额外做好防火措施。厨房应靠外墙设置，且墙面和顶棚应采用不燃或难燃材料，与建筑内的其他功能区域之间做好防火分隔措施，并保证自然通风。烟囱穿过屋顶时，排烟口应高出屋面至少50cm，并在顶棚至屋面层范围内采用不燃烧材料砌抹严密。烟道直接在外墙上开设排烟口时，外墙应为不燃烧体且排烟口应突出外墙25cm以上。放置燃气灶具的灶台应采用不燃材料或增加防火隔热板，灶面边缘和烤箱侧壁需距离木质家具50cm以上，或采取有效防火隔热措施。

乡村自建别墅住宅施工要点

乡村自建别墅的施工团队大多由当地的村民组成，因此会存在建筑技术不够专业、无施工资质、看不懂图纸等问题。这种类型的施工队伍由于没有相关的职能部门进行监管，缺乏规范的安全防范和专业技术，在施工的过程中，容易造成安全事故的发生，为建筑的安全和质量留下了多方面的隐患。因此，在施工过程中，更需要专业设计人员在场指导，与工人随时沟通，做好指导及监督工作，并且尽量多地为工人团队普及相关行业规范。在施工结束后，也要做好相关验收工作，尤其是内外墙体、屋面、门窗、水电安全方面的验收。

7.1 地基基础

地基是指建筑物下面支撑基础的土体或岩体，关系到建筑的稳固性。农村建房必须保证地基稳固，应首先选择坚硬的岩石和土层。这样地基承载力高，房屋建好后不容易下沉和产生不均匀变形。如果碰到淤泥、膨胀土、湿陷性黄土等软弱地基时，应进行地基处理，一般可换填承载力高、变形稳定的灰土、沙石、三合土等并进行分层夯实。同时设置地圈梁进一步均匀分散上部房屋重量，增强房屋抵抗地基不均匀变形的能力。

房屋基础应坐落在坚实的土层上。因农村房屋一般不超过3层，上部荷载不大，基础埋深一般比较浅，但为了确保有足够的承载、变形能力与房屋根部嵌固要求，基础埋深不应小于0.5m；在冻土地区为了避免基础受土层冻胀的影响，基础应埋在冻土层以下。

基坑开挖完成后，需要对基坑开挖宽度、深度和相应承载力进行验收。验收完成后要及时浇筑混凝土垫层，并施工相应基础(条形基础或独立基础)。

基础施工完成后应立即进行土层回填，在基坑开挖和基础施工过程中要注意避免基坑被太阳暴晒和被雨水浸泡。

在基坑开挖时，若碰到与既有房屋距离比较近（基坑距离既有房屋边缘不到2m）的时候，应注意基坑开挖对周边邻近房屋的变形影响，对发现变形过大或使邻近房屋基础、墙体产生拉裂的情况，应及时加强基坑支护，并在保证安全的前提下，加快基础施工进度，增设稳定基坑变形的措施。

7.2 墙体砌筑

为了保证承重墙体的质量和安全，砌块、沙石和水泥等材料一定要通过正规渠道购买，并且购买的产品一定要有合格证书和相应性能检测报告，购买的材料应在保质期内。抗震地区严禁使用空斗墙，禁止使用泥浆砌筑墙体。

砌筑墙体时，应根据每次砌筑墙体的数量合理拌合设计强度要求的砂浆，并及时砌筑使用；当砌筑砂浆落地或砌筑时间间隔过长致使砂浆结硬时，就不能再使用了；砌筑墙体时，砂浆一定要采用水泥砂浆，保证砂浆具有较好的黏性和较高的强度。当采用含泥量较高的山砂时，应用水洗去泥。

砌筑墙体时，应提前1~2天用水湿润砌块，并在砌筑前再次湿润砌块，使砌块和砂浆有良好的黏结环境，使黏结强度不因失水而降低。砌筑时合理控制施工进度，每天砌筑的墙高不要超过1.5m。

墙体施工遇到纵横墙同时砌筑时，需要砌成踏步式接缝，如果为了施工方便砌成直槎时，应在纵横墙交接处沿墙高一定距离设置相应拉接钢筋。

常见的墙体砌筑方法如下。

（1）一顺一丁

一层砌顺砖，一层砌丁砖，相间排列，重复组合。在转角部位要加设配砖（俗称七分砖），进行错缝。这种砌筑方式搭接牢靠，墙体整体性较好，操作中变化较小，对工人的要求也相对较低，操作起来简单方便。

（2）梅花丁

同皮中顺砖与丁砖相间，丁砖的上下均为顺砖，并位于顺砖中间，上下皮垂直灰缝相互错开1/4砖长。这种砌法难度最大，但是墙体强度最高，适合砌一砖厚墙。

（3）三顺一丁

三顺一丁砌法是一面墙的连续三皮中全部采用顺砖与另一皮全为丁砖上下相间隔的砌筑方法。顺砖与顺砖上下皮垂直灰缝相互错开1/2砖长，顺砖与丁砖上下皮垂直灰缝相互错开1/4砖长。该方法适合砌一砖及一砖以上厚墙。

（4）全顺

各皮砖均顺砌，且上下皮之间的竖缝相互错开1/2砖的长度，适合用于半砖隔断墙。

（5）全丁

各皮砖均丁砌，上下皮垂直灰缝相互错开 1/4 砖长，多用于圆形建筑物。

（6）两平一侧

两皮顺砖与一皮侧砖相间，上下皮垂直灰缝相互错开 1/4 砖长以上，适合砌 3/4 砖厚墙。

在众多墙体砌筑方法中，一顺一丁和梅花丁砌法使用得最多，其优点为无通缝、整体性强。

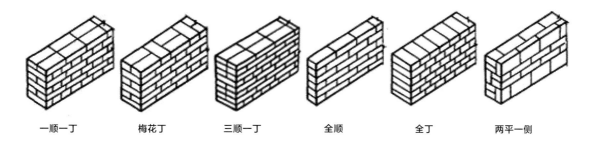

一顺一丁　　　　梅花丁　　　　三顺一丁　　　　全顺　　　　全丁　　　　两平一侧

7.3 屋顶施工

乡村自建别墅的屋顶通常包括平屋顶和坡屋顶两种，具体采用哪种形式要根据当地自然状况以及业主的喜好来决定。受气候和降水的影响，北方地区多为平屋顶，南方地区多为坡屋顶。

砖混、砖木结构农房，楼面最好采用钢筋混凝土现浇板。现浇板承载力高、水平刚度大，对砖墙也有一定约束，房屋整体性好。另外采用现浇板的房屋，上下层隔声、隔振效果也好。

当支承现浇板的墙顶设置钢筋混凝土圈梁时，圈梁应该和现浇板一起浇筑，这样房屋的整体性才能保证。

现浇楼板除了配置板底钢筋外，在承重墙或梁的位置还应配置板面钢筋。农房多是中小开间，楼板配筋不大，一般钢筋直径为 8mm 或 10mm，板底、板面钢筋绑扎在一起形成钢筋网片。钢筋网片绑扎后，一是要注意不应随便踩踏板面钢筋，否则会导致钢筋位置下沉，后果就是混凝土浇筑后或在使用过程中，房间墙边、四角板面可能出现严重开裂；二是要在板底钢筋下面隔一定间距放置水泥砂浆垫块或钢筋弯成的"小马凳"，保证板底钢筋不能紧贴模板，否则板底钢筋的混凝土保护层厚度不满足要求，钢筋容易锈蚀。

农村建房，多是采用现场自拌混凝土，要严格保证拌合料所用的砂、石、水泥及用水量达到配合比的要求，尤其是单方混凝土的水泥用量不能太少。混凝土除了配合比要有保证外，现场搅拌与振捣也非常重要。一是应采用机械搅拌，二是混凝土入模时不应产生离析，三是混凝土入模后必须使用机械振捣。常用振动器包括振动棒和平板振动器。前者用来振捣梁柱混凝土，后者用来振捣楼板混凝土。混凝土的养护就是在混凝土浇筑后，在硬化过程中进行湿度和温度的控制，以保证混凝土达到设计强度。

屋盖在墙体顶部应可靠支承和固定，不应有转动、滑移的趋势或现象。一般在屋架、大梁、檩条支承处，应设置水平垫块或混凝土圈梁，并采用螺栓或钢筋将以上屋盖构件紧固。

平屋顶施工相对简单，后期维护也比较方便。平屋顶适用于天气相对干燥、光照比较充足的地区，可以用作晒台使用。由于平屋顶的坡度很小，很容易造成积水，产生屋顶渗漏，因此做好防水工程非常重要。除此之外，平屋顶较坡屋顶而言隔热比较弱，需要做好隔热处理。

平屋顶施工步骤：
①绑扎屋面钢筋；
②结构层浇筑；
③找平层施工；
④防水层施工；
⑤保护层施工。

北方地区常见的平屋顶
© 磐舍 / DK 大可建筑设计（设计）/ DK 大可建筑设计（摄影）

坡屋顶与平屋顶相比，隔热效果比较好，而且可设计复式阁楼，空间利用率会比平屋顶高出许多。坡屋顶坡度比较大，不会积水，防水性能比较好，更适用于降水量较多的地区。但是，坡屋顶施工要复杂一些，所以建造成本往往也会高一些，屋面坡度大无法做其他利用，出现问题的话，后期维修也不容易。

坡屋顶施工步骤：
①支模；
②绑扎屋面钢筋；

③现浇混凝土；

④找平层施工；

⑤防水层施工；

⑥保护层施工；

⑦铺屋面瓦。

坡屋顶下的阁楼空间

◎ 龙游后山头 28 号宅 / 中国美术学院风景建筑设计研究总院（设计）/ 施峥（摄影）

7.4 门窗安装

在进行农村自建别墅施工时，一定要在门窗洞上设计过梁，保证这个位置的安全。过梁在两边墙体的搁置长度不少于 250mm，并且过梁底部应该坐浆。如果采用钢筋砖过梁，则底部配筋直径应该为 6~8mm，两端伸入墙内不小于 240mm，两端钢筋必须弯钩，钢筋不少于 3 根，水泥砂浆强度等级不小于 M5。由于钢筋混凝土过梁承重能力强，具有较好的抗震性能和沉降性，因此在农村建房中广泛使用。

在乡村自建别墅的门窗安装步骤中，窗框是应在批灰前安装完成的。这样做的目的是便于内外墙体的抹灰，同时也是窗户防水最重要的一步，至于门框则可以根据实际情况进行不同的安排。比较常见的一种窗户安装模式是把窗框安装到预留的洞口上，然后再来安装窗扇或者玻璃。这种安装方法对洞口尺寸要求特别高，为了达到洞口方正规整的效果，需要对窗户洞口的周侧进行抹灰。

洞口与窗框之间的缝隙还要进行专门的密封处理，可以用发泡剂对缝隙进行填充。关于门的安装，由于现在大多使用包门套装门，因此可以在最后装门叶的时候连门框一起安装，不用赶在批灰之前安装门框。对于卫生间、厨房等湿气较重的地方，如果不采用这种包门套装门，则可以在批灰之前把门框安装好，避免二次批灰浪费人力。

7.5 水电安装

水电安装是自建别墅施工中的重要环节，如果出现漏洞，不仅会影响居住者的日常生活，还会有较大的安全隐患。

7.5.1 管线的预埋

在施工中，管线最好是预埋在梁内，如果在楼板内进行预埋，则管线必须要布置在上下两层钢筋网的中间。管线的走向必须保持横平竖直，这是专业水电最基本的要求。一定要顺着墙面穿插预埋线管，并且要用胶带将管线口密封好，防止灰浆以及其他的杂物掉进里面而形成堵塞。为了避免管线变形或损坏，水管的接头以及线盒的连接处一定要固定牢固。

7.5.2 水管的布置

水管在安装时应确保横平竖直，且不要太靠近电源。管线与卫生器具的连接一定要紧密，并测试是否有渗漏现象。厨房卫生间作为主要的排水区，地面找平应有一定坡度以确保水流可以汇集流向地漏。地漏与支管之间注意要设立U 形的存水弯，高度不小于 5cm。下水道立管与横干管之间的连接不能直接用 90° 的弯头，必须用两个 45° 的弯头。这样可以避免出现堵塞。

7.5.3 电线的布置

首先要根据家里常用的电器使用功率挑选合适的电线，线径可以略大一些。电线回路不要混合使用，要根据房间数量和电流大小进行划分。铺设的电线尽量不要在线管中间有接头，因为接头处容易氧化受损，造成电线虚接，导致电路不通、断电等情况发生。如需接线，则应在接线盒中进行，方便后期检修。电线穿管时要注意穿管电线的数量，切忌塞得太满，因为电线在工作时会散发热量，需留有一定的空间进行散热。除此之外，线管内留有一定的空间才方便取出损坏的电线。

7.6 常用建材的选择

乡村自建别墅住宅的材料选择要因地制宜，结合气候、自然环境等要素。寒冷地区多选择保温性能好的建材，降水较多的地区则要选择防水性能好的建材。

7.6.1 混凝土

购买水泥的时候要先查看产品的合格证，过期或者结块的水泥不要使用。混凝土应该按照规定配比施工，采用机械搅拌，主要受力构件的混凝土强度不能小于 C20。拌制混凝土骨料时，不能有泥团和泥粉，级配要合理，水不能有污染。除此之外，还要使用草帘、芦席、湿土等相关材料覆盖刚浇筑的混凝土，以使其湿润，并根据水泥的品种和结构的功能要求确定洒水养护的时间，通常不少于 7 天。

7.6.2 钢筋

在乡村自建别墅住宅中，通常选用 HPB235 屈服强度为 235MPa 的热轧 I 级圆钢以及 HRB335 屈服强度为 335MPa 的 II 级螺纹热轧带肋钢筋。HPB235 类型的钢筋因为强度较低所以不做主筋使用，主要是用做箍筋和墙柱拉结筋，大多都需要做弯钩处理。HRB335 类型钢筋强度适宜，型号齐全，除了做纵横向的受力筋外，也可用作箍筋、拉结筋。对于钢筋的检查，应先检查钢筋是否平直、有无损伤、表面有无裂纹及生锈；待钢筋绑扎好后，再观察钢筋排布是否均匀美观；大体上过关后，最后检查钢筋数量和规格。

不同规格钢筋的用途也有所区别：圆钢筋中 6.5mm 和 8mm 的钢筋一般用于箍筋，10mm 的钢筋一般用于楼梯，12mm 的钢筋一般用于圈梁和构造柱；带肋钢筋中 14mm 和 16mm 的钢筋一般用于次梁和过梁，18mm 和 22mm 的钢筋一般用于主梁和悬臂梁。

7.6.3 砌筑材料

红砖（黏土砖）曾经广泛应用于乡村自建房，但是现在随着其他种类砖的出现，现在农村建房几乎不使用红砖了。红砖被禁用的主要原因是其制作需要大量黏土，会破坏农耕资源；烧制红砖会产生二氧化硫等有毒污染物，它们直接排到大气中，容易造成环境污染；红砖修建的墙没有空心砖的抗震能力强，等等。以下砌筑材料为常见的红砖替代品。

（1）水泥砖

水泥砖自重较重，强度较高，无须烧制，以粉煤灰为原料，比较环保，目前正在大力推广。水泥砖的缺点是与抹面砂浆结合不如红砖，容易在墙面产生裂缝，影响美观。施工时应充分喷水，要求较高的房屋可考虑满墙挂钢丝网，可以有效防止裂缝。

（2）灰砂砖

以砂和石灰为主要原料，允许掺入颜料和外加剂，经坯料制备、压制成型、高压蒸气养护而成。灰砂砖是一种技术成熟、性能优良、节能的新型建筑材料，适用于多层混合结构建筑的承重墙体。

（3）多孔砖

多孔砖可分为两类：多孔、小孔的多用作承重砖；大孔砖则用于非承重的隔热填充墙。而市场上的多孔砖主要指混凝土多孔砖和烧结多孔砖两种。

混凝土多孔砖是以水泥为胶结材料，与砂、石（轻集料）等经加水搅拌、成型和养护而制成的一种具有多排小孔的混凝土制品，可直接替代烧结黏土砖用于各类承重、保温和框架填充等不同建筑墙体结构中，具有广泛的推广应用前景；烧结多孔砖是以黏土、页岩、煤矸石、粉煤灰、淤泥（江河湖淤泥）及其他固体废弃物等为主要原料，经焙烧而成，主要用于建筑物承重部位。

（4）空心砖

主要包括混凝土空心砖、黏土空心砖、烧结空心砖、页岩空心砖等。由于抗震性较差，因此常用于非承重部位。其优点为质轻、强度高，保温、隔声、降噪性能好，较为环保，是框架结构建筑的理想填充材料。

（5）泡沫砖

泡沫砖有良好的抗压性能，具有不开裂、使用寿命长、隔声、节能等优势，通常被用于非承重墙的室内隔墙砌筑。根据不同的制作原料可分为泡沫水泥砖和蒸压泡沫混凝土砖。

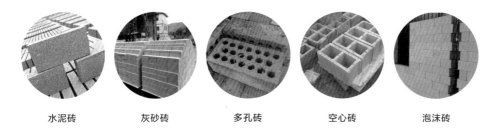

水泥砖　　　　　灰砂砖　　　　　多孔砖　　　　　空心砖　　　　　泡沫砖

7.6.4 金属板

金属板可用作屋面和墙体的覆盖材料。金属板材的种类很多，有镀锌板、镀铝锌板、铝合金板、铝镁合金板、钛合金板、铜板、不锈钢板等。除此之外，金属雕花板是近几年很受欢迎的一种新型环保建材。金属雕花板表面是经特殊图层处理过的优质彩色浮雕饰面金属板，中间层是经阻燃处理的硬质高密度聚氨酯发泡保温断热层，底面是起到隔热、保温、防潮作用的铝箔保护层。由于其本身具备保温隔热、防水阻燃、轻质抗震、施工便捷、隔声降噪、绿色环保、美观耐久等特性，同时因其板体组装方式简单实用，不受季节环境限制，因此安装使用非常安全方便，四季皆宜。

7.6.5 屋面防水卷材

常用的屋面防水卷材主要是改性沥青类防水卷材和高分子类防水卷材。改性沥青类包括弹性体改性沥青防水卷材 (SBS 卷材)、塑性体改性沥青防水卷材 (APP 卷材) 等。高分子类防水卷材包括 TPO 防水卷材、PVC 防水卷材、三元乙丙防水卷材等。其主要特性为具备较好的耐高低温性能、耐老化、弹性好、质量轻、施工方便、污染小等。

7.6.6 屋面瓦

（1）沥青瓦

沥青瓦是一种常用于屋顶防水的材料。优点主要有造型多样、适用范围广、隔热、保温、屋顶承重轻、安全系数高、施工简便、综合成本低、经久耐用等，缺点是易老化、阻燃性差。

（2）新型陶瓷瓦

新型陶瓷瓦是一种屋顶建筑材料，它有长方形的瓦体，瓦体的正面有纵向的凹槽，凹槽上端的瓦体上有挂瓦挡头。瓦体的左、右两侧分别为左搭合边和右搭合边，在瓦体背面的下端有后爪凸台，瓦体背面的凸起部位有突出的后肋。这种陶瓷瓦结构合理、排水流畅、不会出现漏水现象。安装时，将每片陶瓷瓦互相搭合在一起即可，方便性高、搭合严密、连接牢固。瓦体可用陶瓷材料制成，抗折抗压强度高、密度均匀、重量轻、不吸水、屋顶负荷小。瓦体表面光滑平整，可有各种颜色，是现代化建筑的理想屋顶材料。

（3）水泥瓦

水泥瓦是将一定比例的水泥砂浆进行压模或滚压制作而成的，其产品成分是水泥、砂及颜料。水泥瓦种类很多，立体感比较好，而且承重力强。水泥瓦的防水性非常好，且造价较低，缺点是过重且容易破损。

（4）彩钢瓦

又称彩色压型瓦，是采用彩色涂层钢板，经辊压冷弯成各种波型的压型板。具有质轻、高强、色泽丰富、施工方便快捷、抗震、防火、防雨、寿命长、免维护等特点，现已被广泛推广应用。

（5）琉璃瓦

琉璃瓦是采用优质矿石原料，经过筛选粉碎、高压成型、高温烧制而成。此瓦防水性能好，颜色多种，款式多样，而且使用寿命非常长。

（6）石棉瓦

石棉瓦是以石棉纤维与水泥为原料经制板加压而成的层顶防水材料。从规

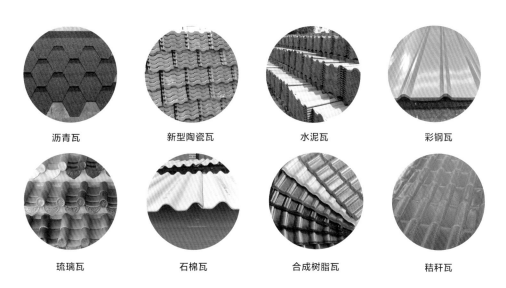

沥青瓦　　　　　新型陶瓷瓦　　　　　水泥瓦　　　　　彩钢瓦

琉璃瓦　　　　　石棉瓦　　　　　合成树脂瓦　　　　　秸秆瓦

格上可分为大波、中波、小波三种，此外还有分别与这三种规格配套的覆盖屋脊用的"人"字形背瓦。石棉瓦是屋顶防水材料，具有单张及有效利用面积大、防火、防潮、防腐、耐热、耐寒、质轻等优点。但是，石棉瓦产生的粉尘会对环境造成一定的影响。

（7）合成树脂瓦

合成树脂瓦是运用高新化学化工技术研制而成的新型建筑材料，具有重量轻、强度大、防水防潮、防腐阻燃、隔声隔热等多种优良特性。

（8）秸秆瓦

秸秆瓦是由麦秆、稻草秆、杂草、玉米秆、花生壳、锯粉、煤灰、豆秆等加入聚酯和黏合物压制而成的。作为一种新型建筑材料，秸秆瓦具有高温稳定性、低温抗裂性、耐腐蚀性、色彩持久、可防强光、防潮、隔声、隔热、保温、双向拉伸不变形、绝缘性好不导电、可提高防震等级、使用寿命长、抗风、色彩多样、色彩保持时间长等优点。

7.6.7 外墙涂料及瓷砖

建筑外墙涂料及瓷砖的主要功能是装饰和保护建筑物的外墙，使建筑物外观整洁美观，达到美化环境的作用，延长其使用时间。通常应具有装饰性好、耐水性好、防污性好、耐候性好等特点。常用的外墙涂料包括彩色砂壁状外墙涂料、溶剂型外墙涂料、乳液型外墙涂料、复层外墙涂料、无机外墙涂料等。瓷砖则主要有釉面砖、通体砖、喷墨砖。

7.6.8 电工及管类材料

在乡村自建别墅住宅的建造中，需要用到一定数量的电工类以及管线类材料。主要包括电线、网线、线盒、各类开关及插排，以及各种样式和规格的水管。目前市场上这类产品名目繁多，选购时要选择正规企业生产、各类证书齐全的商品。切忌为了节省支出而选用质量不过关的配件。

7.7 施工安全

遇到恶劣天气时，如大雨、大雾及 6 级以上的大风，应停止露天高空作业，并及时将正在砌筑的墙体或刚浇筑的混凝土表面用彩条布或塑料纸遮蔽。

安全帽是施工现场保护人员安全的重要防护用品，每个作业人员都应做到：不戴安全帽，不进施工现场。佩戴安全帽，除了安全防护，也体现了一种责任和形象，同时提醒每一位进入现场的人员，时刻树立安全防范意识。

在楼面、屋面施工过程中，由于临边洞口缺乏防护导致人或物的坠落事故经常发生，因此一定要高度重视临边洞口的防护。一般楼板或墙的洞口，必须设置牢固的盖板，并在洞边或板边设置 1.2m 高的防护栏杆、安全网或其他防坠落的设施，同时设置安全警示牌或其他安全标志。

农户建房前应按照当地电力部门临时用电要求，办理临时用电手续，找专业人员安装合格的临时用电设备。不得擅自接电,不得私自转供电,避免发生安全事故。

工匠师傅应掌握安全用电基本知识和所用机械设备的性能。施工现场电线电缆不应随地来回拖动,线路较长时应该设木支撑架空。刀闸不应就地摆放,安装位置应该设在小孩不可触及之处,以防出现事故。使用设备前必须按规定穿戴和配备好相应的劳动防护用品,并检查电气装置和保护设施是否完好,严禁设备带"病"运转。停用的设备必须拉闸断电,锁好开关箱。所有绝缘、检验工具应妥善保管,严禁他用,并应定期检查、校验,电工在操作时应穿好绝缘鞋。线路上禁止带负荷接电或断电,并禁止带电操作。

7.8 房屋的安全使用

农村由于私搭乱建引起的安全事故时有发生。常见的私搭乱建包括:随意在原房屋顶部竖向加层、加阁楼、做架空层;随意在原房屋周边水平扩建;随意在楼内做夹层和隔断;随意改变承重结构,包括局部拆除承重墙,在承重墙上开大洞,将原洞口尺寸扩大;随意拆除楼板,在楼板上开大洞,等等。以上行为都可能造成安全隐患,尤其是对于用作经营、人员密集的活动场所,安全威胁更大。因此对于房屋改造,凡是有增加荷重或消弱结构的,均须事先咨询专业技术人员并做安全鉴定,在专业人员提出可行的加固改造方案后方可施工。

屋顶女儿墙属于竖向悬臂的非结构构件,其安全隐患不容小觑。若女儿墙高度较大但缺少钢筋混凝土构造柱、水平压顶梁等构造措施,则地震时极易倾覆倒塌。正常使用中,当有人员或重物倾靠时也有一定危险。农户经常在女儿墙上张拉绳索或支承木椽,以便晾晒衣物或搭设棚架,这都有很大隐患。当遭遇大风、暴雨时,有可能将女儿墙拉倒。

农村拆除旧房,也存在很多安全隐患。无机械条件时,拆除应该按照自上而下、先屋盖后墙柱的顺序进行,并且做好必要的防护措施。

参考文献

[1] 李倩 . 别墅建筑文化发展历程研究 [J]. 中国科技博览,2010(07):272.

[2] 曹晓 . 浅谈可持续发展的别墅设计 [J]. 科技与创新,2016(10):17.

[3] 蒋葛芬 . 对新中式建筑设计风格的探讨 [J]. 房地产导刊,2018(17):33-34.

[4] 刘艳姣 . 乡村庭院景观设计探究 [J]. 南方农机,2018(24):247-248.

[5] GB 50011—2010. 建筑抗震设计规范 (2016 年修订版).

[6] GB 50039—2010. 农村防火规范.

[7] 杨洋,肖婉欣 . 浅析农村房屋抗震 [J]. 青年时代,2019(12):118-119.

案例赏析

重庆·椒园
右堤路佺宅
龙游后山头 28 号宅
四合宅
磐舍
北京延庆乡间居所
杏花径住宅
兰舍
四方居
崇明岛沈宅
间之家
边界住宅
陆宅
王宅
山麓上的白色住宅

重庆·椒园

——稻田里的农舍之家

内院空间，每一处停顿与转身皆是景致

项目所处自然环境

项目地处重庆近郊乡村，位于一处马蹄形陡崖的平顶之上，林木葱郁，视野开阔，是典型的西南山地田园风光。基地周边散落着各式各样的民居，或石砌，或砖筑，或夯土，成组成群或独立修建，保留着乡村发展各个时期的修建特色和新旧更替的改造烙印。每户居所都有各自的前庭后院或屋顶露台作为生活劳作场所和作物晾晒场地。业主向往"故人具鸡黍，邀我至田家"的乡居生活，希望在这片土地建造属于他们的郊野乡居。房子周围开垦稻田、鱼塘、果园，还有辣椒地……这是一座真正生长在土地上的农舍。设计者开始思考：建筑将以何种状态参与到这样的乡村肌理和景观秩序之中？

建筑俯瞰图

项目地点
重庆市

建筑面积
750 m²

设计公司
悦集建筑

主创设计师
李骏、何飙、田琦

设计团队
李涛、胥向东、张茜、王源盛、吴猛、王月东、王潮（实习）、李飞扬（实习）

室内设计
重庆尚壹扬装饰设计有限公司

摄影
PrismImage建筑摄影、偏方摄影、悦集建筑、田琦

椒园位于马蹄形陡崖的平顶之上

群山绵延，林木葱郁，视野开阔

设计构思

马丁·海德格尔在《筑·居·思》中提到，筑造本身是一种栖居，是人在土地上的存在方式。他以"诗意的栖居"描述了人、土地与建筑之间相互依存的关系。寥廓的田野，风、树、光、水、影在这片土地上汇聚交流，在几乎没有任何制约的用地条件下，设计者却感到处处拘束：山地肌理、古树稻禾、田园风貌……我们希望建筑"落地生根"，不是介入者而是作为参与者，以一种符合野间气质的形式锚固其中。

设计草图1

设计草图2

稻田中生长的建筑

圆，似乎与场地有着天然的亲近，在包围之势中包围，用宽博的姿态融入土地，而不是做生硬的切割与占据。设计师通过圆弧形夯土围墙建立起建筑与场地的对话，这是自然发生的选择。带有弧度的围墙上开了许多不同尺度的洞口，通过减法使土墙变"轻"变"透"，内外对望，互通声气，营造出流动的感官体验。

围墙开有洞口，使建筑内外对望，互通声气

五幢不同功能的方盒子建筑精巧地散落其中，或突破，打断连续的界面使封闭围合的土墙得以"喘气"和"生发"，如同稻田也需要呼吸；或避让，保留场地中四棵古老的香樟和楠木，让他们成为建筑自身的风景；或营造，与圆弧形夯土外墙配合形成相对私密的多重内院空间，每一处停顿与转身皆是景致。

打断连续的围合界面，使封闭的土墙得以"喘气"

保留场地中原生的古树

内院空间，每一处停顿与转身皆是景致

圆与方并非定式，而是基于当下场所语境做出的判断。在尺度的处理上，建筑会更松更淡一些，更多的空间留给环境与自然。无需刻意营造，建筑与土墙的边界自然围合出了大大小小六处庭院。院落彼此之间相互渗透，又与院墙外的田地产生互动，使置身建筑的人有如融入郊野般的恍惚。

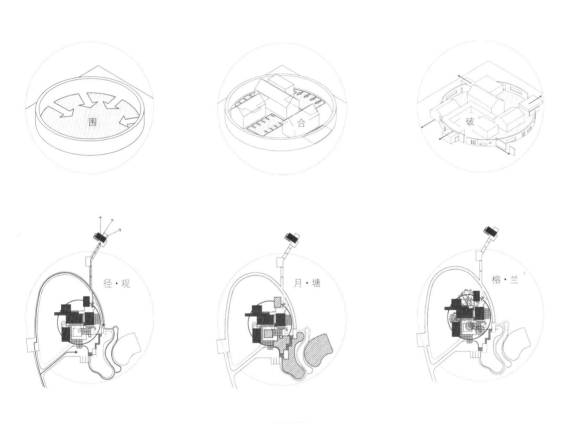

生成逻辑

庭院空间局部，彼此相互渗透

整体空间

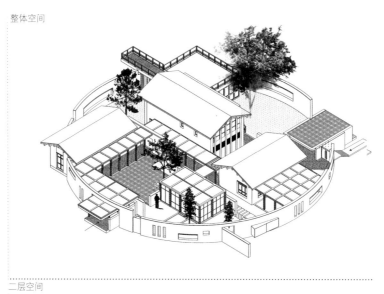

二层空间

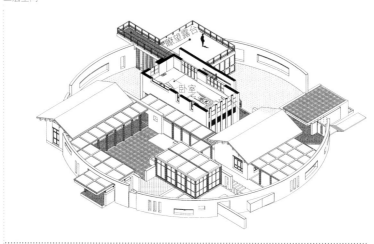

一层空间

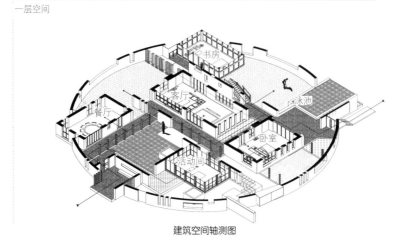

建筑空间轴测图

建筑入口，视线隔而不断

空间设计

入园，迎面的夯土影壁上开有长槽，视线隔而不断，庭院与树影绰绰映入眼帘。左转推门，视界缓缓打开，院子中间是一处水景，池中的树兀自生长，在碎石与静水中呈现出一股疏离感和生命感冲撞的张力。半通透的木质长廊成为建筑与庭院边界的过渡空间，模糊了内外的感知。光、风还有景透过木柱和格栅毫无阻拦地延伸至建筑。

内院空间，每一处停顿与转身皆是景致

入口影壁，庭院与树影影绰绰映入眼帘

推门玄关空间

长廊与庭院，视界打开

水景庭院，池中的树兀自生长

拐过走廊尽头的起居空间，右侧是四面通透的活动间，左侧两幢建筑夹出了通往第二进院落的磨石铺路。一侧靠墙种有芭蕉，营造绿意的同时收束了宅路的尺度，照顾到人行走其中的体验，空间上也强化了由收到放的戏剧性转变。

走廊尽端视野空间

四面玻璃围合的活动间

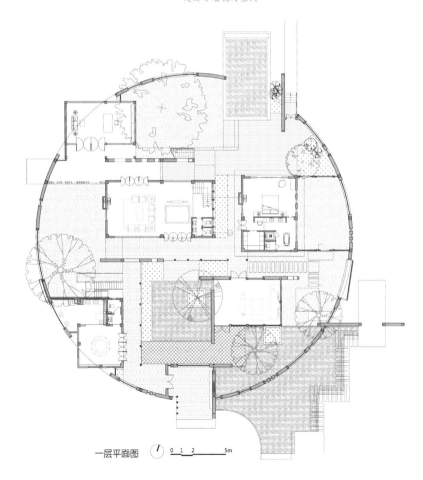
一层平面图　　0 1 2　　5m

通往后院的宅路

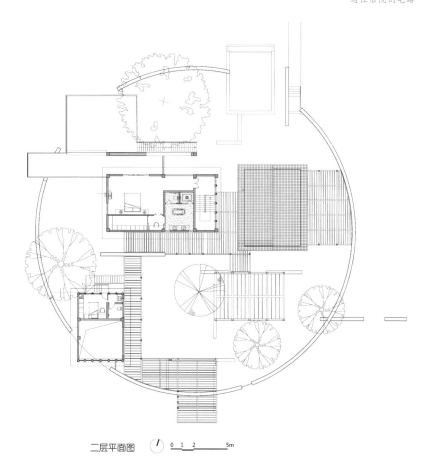

二层平面图　0 1 2　　5m

后院那棵百年香樟树是整个空间叙事的核心，树荫撑开，蛙虫鸣鸣，三两好友，围聚桌前，十分惬意。树旁的池塘突破围墙，向外延伸，一池睡莲似要接上远处漂浮的绿海。

后院与百年香樟树，树荫撑开，围聚茶歇

书房的一角伸入稻田，悬于青青禾色之上

　　书房的一角突破土墙，伸入稻田，悬于青青禾色之上。角部的设计在于"无"，没有任何遮挡和框架，结构柱子隐于两侧，落地窗收拢后只留下上下两面限定视野，框出一幅"水满田畴稻叶齐，日光穿树晓烟低"的田园山色画。出挑的平台悬浮在稻田之上，近观绿色的禾浪，满眼的绿色使书房成为整个建筑空间中最为惬意的场所。

立面图

　　室内风格古朴素雅，木色、暖灰色、白色的和谐搭配，使整个空间充满了宁静、温暖的温馨之感。在客厅里，木质茶几、藤条座椅、亚麻布艺沙发、壁炉，这些装饰素材的使用，不仅传达了生态环保的设计理念，也让舒适感贯穿其中。绿植作为点缀，为总体环境增添了一丝生机。

建筑室内设计局部

露台成为绝佳的眺望点

　　屋顶露台作为活动区域向外延伸，想要没有拘束地拥进自然。由侧面院落拾级而上，连接二层的卧室，在两株大树的簇拥下成为绝佳的休憩观景场所。凉风拂面，入目皆是绿意。

屋顶露台

设计探索

　　土墙是西南地区传统民居常采用的建造方式，有质朴的外观和很强的气候适应性，但由于传统工艺的缺陷，其结构强度和防雨防潮性能较差。设计中建筑外围采用了现代夯土的工艺来实现外围土墙的质朴造型，建造实施的过程反复调整用料配比进行试验，以期达到材料预想的色彩和质感。夯土墙上大尺度的洞口建造也是一个挑战，采用创新的夯土施工技艺实现了预期与完成效果的一致。

夯土材料对比试验

夯土墙洞口施工工艺

"羁鸟恋旧林，池鱼思故渊。开荒南野际，守拙归园田。"久在高楼林立、汽笛喧闹的都市，不知是否会有一刻突然停下脚步，萌生出隐逸田园的乡居梦。

重庆·椒园是回归田园的乡建探索，讨论在地性的表达，充分尊重乡村山地肌理的随机特性和原始的地貌植被，以外圆内方的谦逊姿态融入场地与自然。建筑与圆弧形土墙相互交错营造出丰富的院落空间，夯土、白墙与青瓦构成主色掩映建筑，低调栖于野上。院墙之外，银杉、稻禾、果蔬、花椒……生长灿烂。希望椒园成为带着烟火温度和泥土芳香的心灵归处。

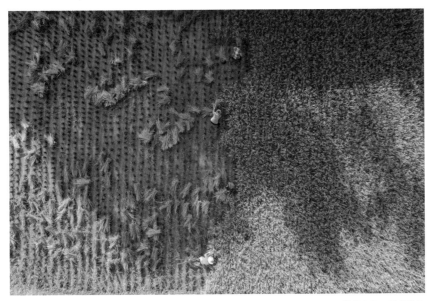

院墙之外，稻田秋收

右堤路佺宅
——京郊合院的再生

主起居间

项目所在区位环境

项目用地位于京郊顺义的王家场村,村子东面挨着右堤路和潮白河,西边距离机场不远。

业主是摄影家和陶艺师,二人充满朝气和活力,就是看上了这里距离机场和市区的便利,以及这里的乡野栖居情趣,因此在村子的西侧选中了这处合院。

这处几近废弃的合院,北侧紧邻村里的支路,东西两侧的相邻建筑是几乎完全一致的合院类型,远处隐约有片白杨林,南侧是房东新建的2层平楼房。

无论怎么看,场地以及场地中的建筑,都是华北平原中沉默的成千上万的院落式民居的缩影。

字母墙

项目地点
北京市顺义区右堤路王家场村

项目面积
370 m²

设计公司
KAI 建筑工作室、SILOxDESIGN

主创设计师
谢凯、王浩、李萌、孙智青

设计团队
赵军光、黄鹏鹏、
刘玉涵、徐王刚

结构设计
杨开

施工方
京城顺通建筑有限公司(土建部分)
张才明室内装饰公司(室内部分)

摄影
金伟琦

王家场村总体区位

1. 起居间
2. 起居间(扩建部分)
3. 内院
4. 父母房
5. 茶亭
6. 入口
7. 外院

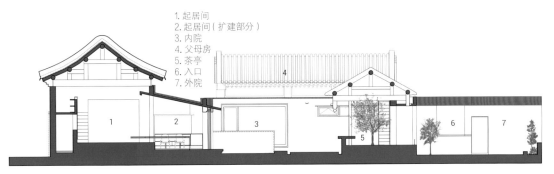

剖面图

设计策略及业主需求

如此看来，由外向内去推演建筑的设计策略，显然是失效的。因为这片场地乍看起来既不优美，也无丝毫特殊之处。

那么，一种由内向外的设计策略油然而生：去研究家宅设计中真正的主体——人的生活，并深入分析和挖掘沉默现状建筑的要素，分析其背后一层层的丰富信息，同样可以打动人心。越来越多的城市人群，开始居住在因郊区人群向城市聚集而导致的空心村和空置房之中，他们所需要的新的生活和社交空间，是本案设计师一直感兴趣的问题之一。

业主是要真实地在这里生活，所以对空间改造的需求具体而热烈：容纳细碎生活的起居空间，冬天不出外门就彼此相连的房间，自然而不造作的院落；处处看得见庭院与绿植，父母偶尔来住宿的灵活调整；大群朋友偶聚一起的大空间，工作之余的制陶间，自己作品的陈列展室；躺在床上看得见树林，洗澡时看得到庭院，烹饪做菜时的聊天沟通；房间的通风。地板的加热，屋顶和墙体的保温，承重结构的加固；橱柜的收纳，可升降的洗碗槽，隐藏式的斗柜和出风口；可控制的造价等。

场地及房屋现状

设计和建造就此展开。合院是 2000 年后建造的，出于历史原因，那个时代的追求多是：房子越大越气派，房屋越高越阔气。而事实上，居住空间尺度盲目扩大也带来了真实生活与身体的疏离。现状的合院围合出一个 12m×15m 的空地，四周围绕的房间内部被均匀分割。檐口距离地面 4.3m，塑钢窗。现状的内部反而是做了平吊顶，将尺度压缩在 3.6m（仍显呆空）。看来也是觉得巨大坡屋顶下带来了非人性的居住空间体验而不得已做了封顶（当然也是过去的一种保温措施）。整体来看，这些新建合院的尺度过大，并不适合人的居住。

具体改造策略

由于房屋是租赁的，鉴于成本控制以及房东的要求，需要避免让建筑因满足特定功能而被过度改造。结合功能，设计师决定拆除原有建筑的内侧墙体，聚焦于边界的调和，重新定义建筑的尺度以及密度。

拆除东西厢房北侧的临建耳房，新加入的"廊间"系统将几处房屋联系起来。在适度降低庭院尺度的同时，平面布局的构成关系由原先"三个房子＋中心空地"的图底关系，转化为"均质多庭院"与房屋的图底关系。

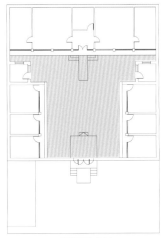

现状平面布局

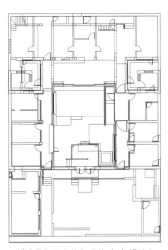

拆改叠加图（蓝色现状 红色拆除）

调整后平面布局

改造前后的平面对比

主入口玄关

陶房工作室设置在西南侧的一处房间（制陶用的二次高温窑炉在东南侧），原西厢房布置为展陈室。北屋大房的中段为起居间，东段为厨房，西段为主卧室。穿过西侧的小庭院可以抵达主卧的盥洗间。

为了偶尔来居住的父母长辈，设计师在院子的东侧设置了尺度适宜的温馨的家庭房，独立卫生间，老人们看电视，享受阳光也比较自在。两间次卧方便父母及亲友住宿。

原先入口处的垂花门在新的格局中被设计为一个开敞的茶亭，作为两个院子的节点转折。

一些体量略大的植物，根据空间的需要，点缀在特定的位置。

内院

茶亭

工作展间

　　改造后的空间有多条动线，东南方向为主入口，亲友及访客可以由此先行参观主人的工作室及展陈后，再进入会客的起居间；而主人则可以从北侧的专属停车场地，直接进入房屋抵达厨房，便于直接放置买回来的日常蔬菜水果。

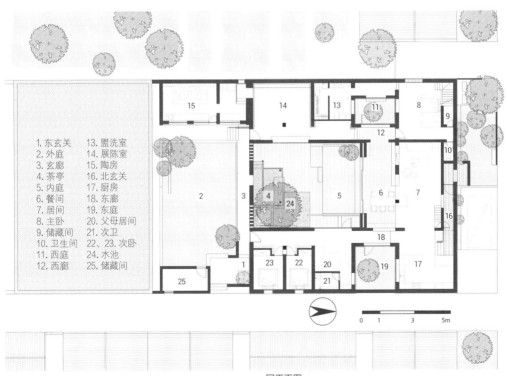

1. 东玄关　13. 盥洗室
2. 外庭　　14. 展陈室
3. 玄廊　　15. 陶房
4. 茶亭　　16. 北玄关
5. 内庭　　17. 厨房
6. 餐间　　18. 东廊
7. 居间　　19. 东庭
8. 主卧　　20. 父母居间
9. 储藏间　21. 次卫
10. 卫生间　22、23. 次卧
11. 西庭　　24. 水池
12. 西廊　　25. 储藏间

一层平面图

廊间设计

　　这里需要注意的是，设计师们不希望简单地通过 "狭窄单一的过道"进行均质的串联，而是希望通过"像房间一样的廊"去与诸现状空间进行构成。它为场地提供水平延伸，模糊边界，调试明暗层次与氛围。

　　净高控制在 2.2m 的素混凝土顶部，宽度 1.8~4.2m 不等的廊间，在具体的各处位置所围合的空间性格是不一样的：前院的入口廊间呈开敞明快的水平空间，北院的入口廊间则是隐蔽私密；主起居间和父母房起居间均与原有大空间构成一个全新的大房间。

穿越西庭院的廊间

穿越起居间的廊间

向东看去的主起居间

大房间设计

  设计之初，业主需要一个房间容纳承载大部分生活起居。例如，女主人要求坐在起居室可以看到做饭的男主人。事实上，这个要求背后的潜台词是：无论在建筑的哪里，互相被看见是一件很重要的事情，而这也正是家宅中的一抹温暖所在。

  设计师们认为，恰恰是这一要求，似乎可以抽象成一个普遍性的空间问题——在现代家宅生活的基本功能下，如何让视线在房间的秩序组织之下是充满自由感而无约束的？

北侧入口处的鞋柜

进入这个房间：

开口视线所及之处，扩建的坡屋面倾斜延伸进来，上方错出水平高窗，裸露的混凝土顶与原有木构屋面成为一个略带差异的整体；水泥地面暗黑发亮；涂过界面保护剂、略带反光的红色烧结砖从室外延伸进来。

高窗给更深处的空间带来柔和光线，5.4m 的通长推拉玻璃门在夏天可以完全隐藏进墙体。如此，房间的相当一部分体量与生活，结合着午后幽幽的光线，与室外的庭院和绿植成为一个整体。

这种参照，也表现在厨房前侧，转折处鞋柜上的那幅小画——它由房主亲自绘制，描绘了孩子成长的某个瞬间。也许这幅小画正是一种慰藉，凝聚连接整个家庭。

从西面看起居间

从南面看起居间

墙与窗洞

在佺宅中，设计师们重视每一段墙体和开口，专注于调整彼此的高度、宽度、厚度，小心翼翼重建内与外的关系。并通过它们来创造尺度，引导动线。穿行于墙壁之间，走出餐间，进入墙体另一侧的厅，行进过程中，视线穿越开口，产生与景深、明暗相关的模糊感觉。墙体是一种扩大了身体感觉的装置。

从东面窗口看餐间   北侧入口的开洞与楼梯上的窗口

新建的300mm厚的外墙采用了中心夹层保温的系统，两层墙体内部钢筋拉接，墙体保温系统和屋面的外保温整体连接，连接处不会产生冷桥。从室外看，中心庭院的四周被新旧混合的红色砖块包裹，一直延伸到顶部的红瓦屋面。

砖块在充分燃烧的时候才会变成红色，但是新砖由于通常是叠加在一起进行烧结，内部的煤矸石受热不均匀，会产生黑斑。为避免整面墙成为"花脸墙"，佺宅庭院墙面的砖块是由新砖和旧砖按照7∶3的比例混合使用的。由于生产的年份不同，砖块的尺寸差异不可避免，设计师采用了更宽的砂浆缝来进行找平。有时候，2~3cm宽的砂浆将图底关系反转，成为墙面形式的主角。

施工过程中的内院墙体

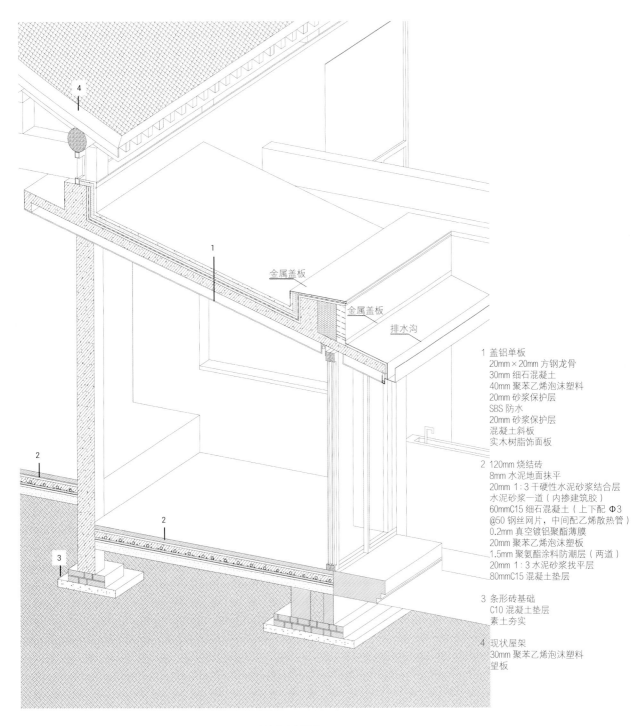

金属盖板

金属盖板

排水沟

1 盖铝单板
　20mm×20mm 方钢龙骨
　30mm 细石混凝土
　40mm 聚苯乙烯泡沫塑料
　20mm 砂浆保护层
　SBS 防水
　20mm 砂浆保护层
　混凝土斜板
　实木树脂饰面板

2 120mm 烧结砖
　8mm 水泥地面抹平
　20mm 1：3 干硬性水泥砂浆结合层
　水泥砂浆一道（内掺建筑胶）
　60mmC15 细石混凝土（上下配 Φ3
　@50 钢丝网片，中间配乙烯散热管）
　0.2mm 真空镀铝聚酯薄膜
　20mm 聚苯乙烯泡沫塑板
　1.5mm 聚氨酯涂料防潮层（两道）
　20mm 1：3 水泥砂浆找平层
　80mmC15 混凝土垫层

3 条形砖基础
　C10 混凝土垫层
　素土夯实

4 现状屋架
　30mm 聚苯乙烯泡沫塑料
　望板

正房墙身剖面图

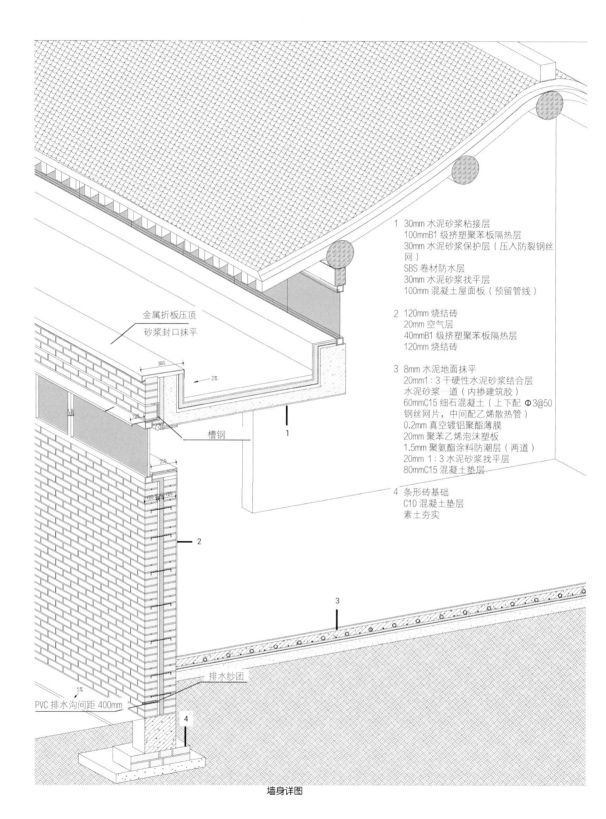

1　30mm 水泥砂浆粘接层
　　100mmB1 级挤塑聚苯板隔热层
　　30mm 水泥砂浆保护层（压入防裂钢丝网）
　　SBS 卷材防水层
　　30mm 水泥砂浆找平层
　　100mm 混凝土屋面板（预留管线）

2　120mm 烧结砖
　　20mm 空气层
　　40mmB1 级挤塑聚苯板隔热层
　　120mm 烧结砖

3　8mm 水泥地面抹平
　　20mm1：3 干硬性水泥砂浆结合层
　　水泥砂浆一道（内掺建筑胶）
　　60mmC15 细石混凝土（上下配 Φ3@50
　　钢丝网片，中间配乙烯散热管）
　　0.2mm 真空镀铝聚酯薄膜
　　20mm 聚苯乙烯泡沫塑板
　　1.5mm 聚氨酯涂料防潮层（两道）
　　20mm 1：3 水泥砂浆找平层
　　80mmC15 混凝土垫层

4　条形砖基础
　　C10 混凝土垫层
　　素土夯实

金属折板压顶
砂浆封口抹平

槽钢

排水纱团

PVC 排水沟间距 400mm

墙身详图

两种屋面

    考虑到现状屋面是一种民间木构叠梁的方式，状态良好，在增加了 40mm 厚的聚苯板保温层之后，原样保留并予以表达，而对于新扩建屋面的材料则思考很久，最终选用了裸露的素混凝土。抽象的混凝土在光线的反射下，与旧有屋架建立起基本的"木头和石头"的物体性关系。

    反梁的混凝土屋面是为了进一步弱化新建屋顶的结构，从而突出原有木构屋架的结构系统。 新建屋面地板高度 2.2m，反梁控制在 0.35m，这样与原有高大的屋檐刚好可以错出一条水平长窗，对室内进行纵深方向的布光。

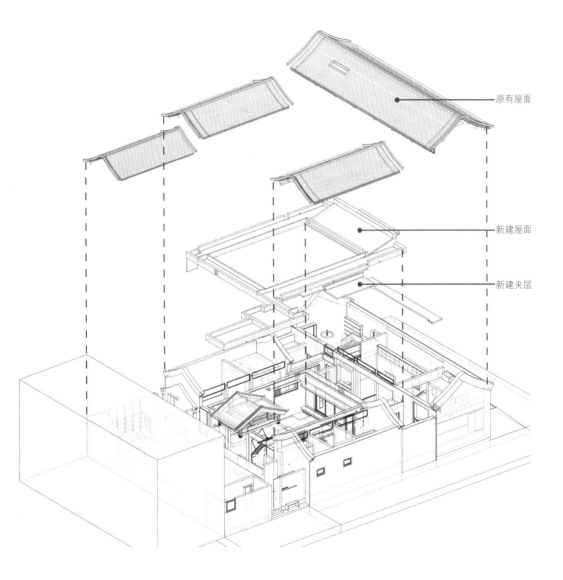

原有屋面

新建屋面

新建夹层

透视图

保留原有结构柱

在几次的现场调研过程中，砸开墙体就会发现所有的木屋架的支撑体系不是由常规的木柱而是由混凝土柱来进行支撑的。在 20 世纪 90 年代后期，这种在砖基础之上直接用预制的小型混凝土柱作为结构支撑的做法，被广泛使用。

事实上，在京郊结合处，考虑到既处于农村区域，同时又享受着工业化产品的成本优势，预制混凝土柱 + 木构叠梁的结合便不足为奇了。

尽管这种做法并不是正规的制式做法，设计师们却也认为这种混杂自有它的机智之处。这一次，几根埋在砖墙中 15 年的老预制混凝土柱被彻底地显现出来，站在了场地的中央，成为了生活的一部分之后，又悄然隐去。

旧的柱体与屋面和家具的结合

当谈论"旧"的时候，我们对过去的元素及工艺进行断代区分，不能一概而论称为传统的或是旧的。所谓"旧"也被分为附近的"旧"和遥远的"旧"。

在家宅改造中，新功能和新空间的出现，除了需要处理和"遥远的旧建筑元素"的关系（传统木构屋架），同样还需要直面那些"附近的旧建筑元素"的关系（20 年之前的建造工艺）。

技术上，这十来根非标的预制结构柱，经过样品的结构检测和评估后，设计师决定继续使用它们。就这样，新的混凝土反梁和旧的柱体结合，小心翼翼地发生关系：在 250mm 宽的柱面上，4 根化学锚栓经水冷式钻孔后，配合钢筋整体浇灌新的混凝土梁，梁柱结合在一起，反而是对整体结构的补强；形式上，旧的柱体则受到时间的洗礼，显得幽暗；新增的梁由于刚刚被浇筑，细分之下略微发白。

佺宅改造设计的希望是：一种新和旧的结合体，不能全旧，也不能全新。

　　设计师们在拆改的过程中，对其中一些现存的结构与材料进行分辨，借用了它们之中的一部分。将它们以一种新的方式，积极地参与到新的建造当中。

　　出于整体造价的考虑，在佺宅中，绝大部分的固定家具是选用桉木芯、杨木皮的多层板根据设计在工厂进行定制加工的。购置的多层板整体发红，略微刷上一些棕色和鹅黄色混合的油漆，调和出一种温暖的自然颜色。由于层板的木材树种不同，在侧面会暴露出一深一浅的层板叠加痕迹。而起居间最重要的餐桌，则是选用了贵些的俄罗斯桦木多层板，木材纹理均匀稳定。2.7m 的桌面与柱子穿插后扭转空间的方向，并且跨越不同高差的地面，内部钢龙骨支撑，结实稳固。一家的生活，就都围绕着这个大餐桌进行。

入口房间家具　　　　　　　　　北侧入口的开洞与楼梯上的窗口

后记

　　佺宅这座房子从 2019 年年初开始着手设计，一直到 2020 年的秋天才正式入住，整个过程业主夫妇跟设计师一起讨论设计、参与工地施工。在这期间，随着当地改扩建政策的变化，也有过大量的沟通与反复。整理文章时有段和业主的对话，就当作为结尾吧。

　　"……想了很久，想把项目原先的名称'全宅'改为'佺宅'。当初的想法较为简单，因为这个房子容纳了住宿、会客、工作等，是一个功能齐全的改扩建，所以称为全宅。现在则想把名称改为'佺宅'，因为正如整个改造过程，人们总说一帆风顺，抽象寄托美好，可并不是每个人每件事都是顺顺利利，人和房子，总有那些坑坑坎坎。希望在克服困难的同时，有'人'在一侧支持。所以将全宅改为佺宅（加一个"亻"）。里面有人在，就是生活的家。不管外面怎么样，大抵就是最全最好的家宅吧。"

龙游后山头 28 号宅

——乡居倒影，旧风景里的新家

建筑正立面

"归园田居"般的理想及设计初衷

　　龙游是浙江南部的一座小县城，位于平原与山地的交界处，从杭州坐高铁一小时抵达，出高铁站沿着乡野小路驱车 5km 即可到达项目所在的后山头自然村。该村仍然保持着乡村特有的风貌，基地南边的大片水田一直延展到不远处连绵起伏的山脉，一幅熟悉的旧时乡村风景。随着乡村建设步伐的不断加快，越来越多在城市打拼的年轻人回到乡村对原有的老宅进行改造或者重建，为其节假日的休闲时光提供更好的场所。本案的业主自然也不例外。

整体鸟瞰

项目地点
浙江省衢州市龙游后山头村

用地面积
800 m²

建筑面积
400 m²

设计公司
中国美术学院风景建筑设计研究总院

主创设计师
陈夏未、金拓

设计团队
柯礼钧、王凯、沈俊彦、周建正

室内设计
陈夏未、金拓

软装设计
黄志勇、王杰杰

景观设计
陈夏未、肖钳平

摄影
施峥

业主
周珊

建筑草图

夜间建筑局部

设计之初面临的挑战

项目所在地块南面为村道及田野，远处是山丘，东面是业主叔叔家的房子，他们共用一个院子，业主希望院子能够统一设计。但是作为乡村自建房，又不可能有太大的资金投入。如何利用有限的资金把房子建得与众不同是设计师们在设计之初面临的一个挑战。为了节省开销，所有的材料、工人、工艺技法、植物选取都是利用了当地的资源，而且设计师们也提倡原材料的在地性表达，将本地一直延续下来的东西通过他们的建筑语言表达出来。最后将建筑、装修、景观的总造价控制在 100 万元以内，这也是符合设计师及业主的预期的。另一个挑战则是政府要求该宅基地占地面积不能超过 120 ㎡，层数不能超过三层。在这样的框架内怎样才能设计得有趣又富有人文关怀，是此次设计必须解决的问题。龙游县后山头村是一个非常典型的江南村落，当地的上一代村民保留了传统的生活方式，30~45 岁的新一代村民则希望居住在乡土而又现代的生活环境里。每个乡村都有自己独特的价值和资源，它们需要被传承延续，利用好这些资源是贯穿设计过程的重要原则。设计师们希望把这个现代建筑作为中国乡村中的一个自建房典范，以命题设计的方式给中国乡村自建房带来新的设计方向。

田野鸟瞰

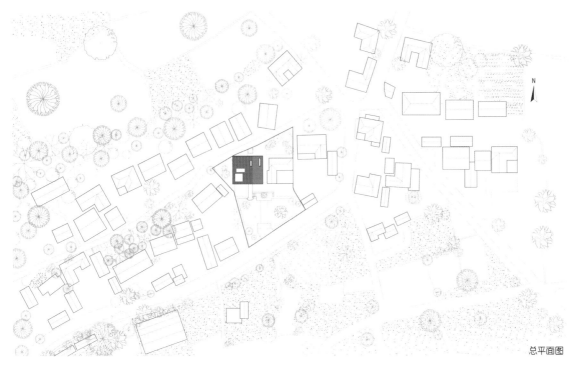

总平面图

水田与夕阳下的建筑

立体魔方式的空间序列

建筑占地由一个 12m×10m 的方块组成。前院桃李盛开，花色不断，后院则栽植银杏。一楼客餐厅与前院之间用 7m 宽的水泥地面将其相连，作为室内活动的延伸场所。入口大门作为序幕，带连廊的挑高空间，通透而不缺乏仪式感。一部魔方楼梯串联起一楼公共客餐厅、二楼立体家庭厅、三楼阳光茶室，最后到达半遮半透，适应天气变化而又兼顾屋顶检修的大露台，在此能够眺望远处的风景。室外的风景伴随着连续通透的公共空间，步移景异，是整个建筑的核心。五个卧室被合理分配在主线周围，卧室内采用简约干净的装饰风格，透过大玻璃窗观望山景农田，别有一番休闲韵味。

油菜花中的建筑

田间透视

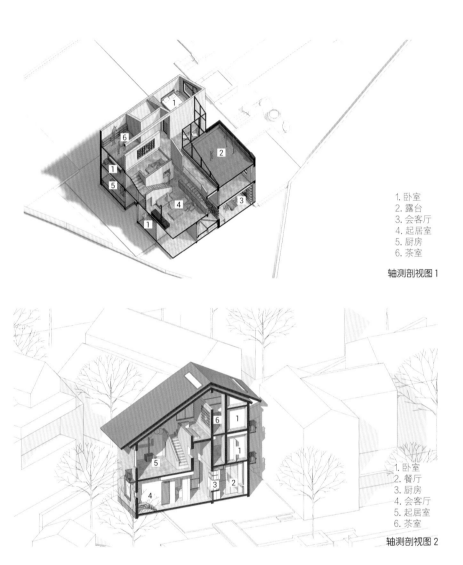

1. 卧室
2. 露台
3. 会客厅
4. 起居室
5. 厨房
6. 茶室

轴测剖视图1

1. 卧室
2. 餐厅
3. 厨房
4. 会客厅
5. 起居室
6. 茶室

轴测剖视图2

建筑背立面

内繁外简，朴实无华的设计风格

　　内在丰富、外表朴实、色彩素雅是设计师们对江南乡村建筑的基本诠释。节约造价的同时，也确保能耗最低。在接近黄金分割比例的双坡顶下，适当设置部分老虎窗、天窗，丰富立面的同时改善了北向房间的采光。入口垂直到顶的玻璃幕墙作为立面的主轴，各功能空间大小不同的窗户组合，构成了建筑的几何表情。屋顶在混凝土屋面上再做一层传统木屋架大挑檐，之间留有空气流通层，木屋架丰富了建筑细节，保温与美观结合。外墙掺入稻草的质感涂料以及当地石材的基座表达了浓浓的乡村特色，继而融合在整个乡村肌理中。

建筑材质

1. 卧室
2. 儿童房
3. 餐厅
4. 会客厅
5. 露台

剖面图 1

1. 茶室
2. 卧室
3. 厨房
4. 起居室

剖面图 2

建筑入口

入口及玄关

通高的玄关空间

客厅与餐厅

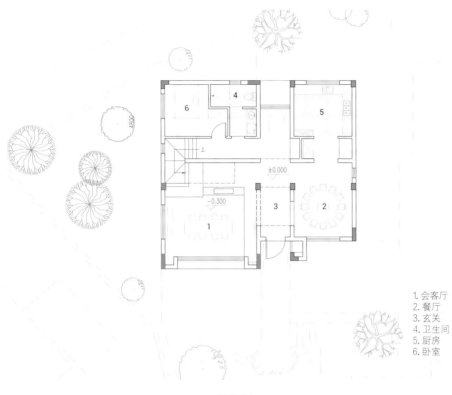

1. 会客厅
2. 餐厅
3. 玄关
4. 卫生间
5. 厨房
6. 卧室

一层平面图

客厅

起居室

楼梯

楼梯与天窗

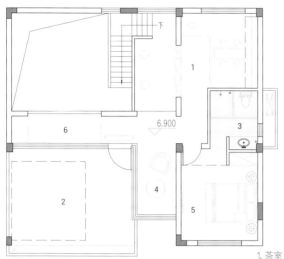

6.900

1. 茶室
2. 露台
3. 卫生间
4. 阅读空间
5. 卧室
6. 展廊

三层平面图

茶室

3.600

1. 起居室
2. 儿童房
3. 卫生间
4. 储藏室
5. 卧室

二层平面图

茶室与天窗

从室内远观露台

顶层公共空间

露台与阅读空间

阅读空间

艺术展廊

露台

施工中面临的问题及解决方案

    本项目所有的施工人员都是本地的建筑工人,他们并不懂太多的构造工艺节点做法,也看不懂过于详细的图纸。所以设计师们很多构思的表达都是通过外轮廓尺寸的控制、模型效果的表达和现场交底的方式实现的。其实工人们都很聪明,充分沟通以后他们也会想出自己觉得更合理的解决方案。而且设计方案本身都有较大的容错率,哪怕工人做得粗糙一些也不影响效果的表达,所以过程中设计师们也和现场施工人员成了朋友。当图纸的作用不是太大的时候,就需要设计师多跑现场多沟通,这才是一个好项目落地的关键因素。

卫生间

主卧

居住者的回忆与未来

　　乡村私宅的模式是田园包围建筑，绿地充足，院子以硬地为主要景观，减少建筑周边蚊虫的滋生，便于打理、晾晒等各种活动。一处小小的菜园既能满足自给自足的需要，也能锻炼孩子们的动手能力，让他们亲近自然，了解乡村。建筑内部空间通透连续，随便一喊，一家人都能听到，便于交流。屋顶木结构大屋檐，防雨的同时便于燕雀栖息，人与自然也更加亲近。今天的生活方式已经发生了很大的变化，重要的是在当代的生活中融入了乡村特有的诗意，将熟悉的旧时风景和当代生活作为骨骼，想象一个全新的家。

次卧

四合宅

——"开放式"四合院里的休闲度假空间

项目所处区域背景

该项目地处唐山市郊，地势平坦，周边由果树林、农田和溪流环绕，风景优美。场地东侧有一座粮食加工厂，这是由建筑营设计工作室早年设计的坡屋顶围合式建筑。项目用地上曾有一栋木屋，是十多年前典型的木结构建筑样式。业主不太喜欢这个木结构建筑，为了追求更好的空间品质，决定将其拆除并在原址新建一座房屋。建筑的基本功能是休闲度假，既可以居住，也可以用来接待客人。

项目鸟瞰图

项目地点
河北省唐山市

用地面积
约 820 m²

建筑面积
265 m²

设计公司
建筑营设计工作室

主创设计师
韩文强

建筑及室内设计
姜兆、胡博

结构设计
张勇

水电设计
郑宝伟

暖通咨询
JAGA

撰文
韩文强

摄影
王宁

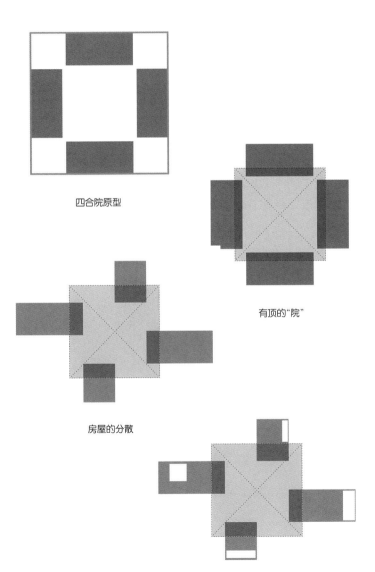

四合院原型

有顶的"院"

房屋的分散

四合宅：有顶的"院" + 有院的屋

主立面

设计之初面临的挑战

    设计的挑战其实是设计师们自己预设的问题。一方面，房子旁边就是设计师们早先设计的有机农场，一个合院式的木结构建筑。这个度假屋有没有可能利用与农场相似的合院原型去设计？这是一个考虑，就是这两个项目如何异构同质。另一方面，基地周边风景较好，又地处市郊，作为一次环境升级，如何突出乡村建筑的自然感，让其中的生活体验更接地气，能够享受自然的乐趣，这是第二个问题。处理方式反应在各个方面，包括内外关系、空间组织、景观关系、材料关系等方面，强化自然感受。

建造过程

俯瞰项目与周边环境的关系

建筑的演变：从四合院到四合宅

　　设计概念源自传统居住空间原型——四合院。四合院是一种内向型的建筑，由四向房屋围合一个庭院。建筑外部是封闭的，进入内部则完全开放，这使得个体生活缺乏私密性。结合这个特定场地和度假休闲的使用条件，设计师们决定把四合院变为"四合宅"。在保持四向房屋各自独立的前提下，将"院"置换为有顶的厅，将四面围合转变为四面开放，让厅堂与外部优美的风景互通共存，同时保证个体生活的私密性与接待活动的开放性，各得其所。

1. 四合宅
2. 有机农场
3. 牲口棚
4. 蔬菜大棚
5. 河流
6. 果树林
7. 农田

总平面图

外立面砖墙近景

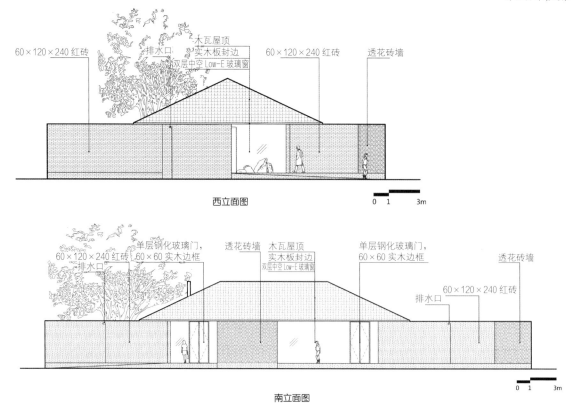

60×120×240 红砖　排水口　木瓦屋顶　实木板封边　双层中空 Low-E 玻璃窗　60×120×240 红砖　透花砖墙

西立面图

0　1　　　3m

60×120×240 红砖　单层钢化玻璃门，60×60 实木边框　透花砖墙　木瓦屋顶　实木板封边　双层中空 Low-E 玻璃窗　单层钢化玻璃门，60×60 实木边框　透花砖墙　排水口　60×120×240 红砖　排水口

南立面图

0　1　　　3m

建筑入口

露台

外立面

建筑夜景 1

建筑夜景 2

建筑夜景 3

建筑夜景 4

客厅夜景

建筑特色：屋中有院，厅外有台

　　整座建筑建立在台基之上，四向房屋分居于台基的四角，共同构建出建筑的领域界限。四个房屋对外封闭，对内则包含不同尺度的内院，为室内提供景观和采光。房屋容纳了住宅中私密性功能和服务空间，比如卧房、书房以及厨房、设备间等。它们相互隔离，避免干扰。由四向房屋向内支撑起一片坡屋顶。屋顶之下是一个自由灵活的公共活动区域，包括会客、就餐、钢琴演奏等公共活动在此发生。透过玻璃门窗，公共活动亦可向外延伸至四个方向的室外平台，共享周边绿意盎然的风景。

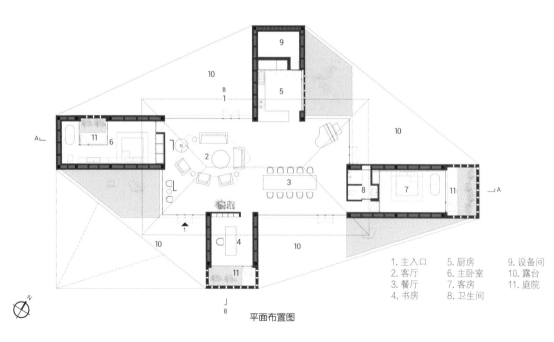

1. 主入口	5. 厨房	9. 设备间
2. 餐厅	6. 主卧室	10. 露台
3. 餐厅	7. 客房	11. 庭院
4. 书房	8. 卫生间	

平面布置图

客厅日景

从客厅看向书房

厨房

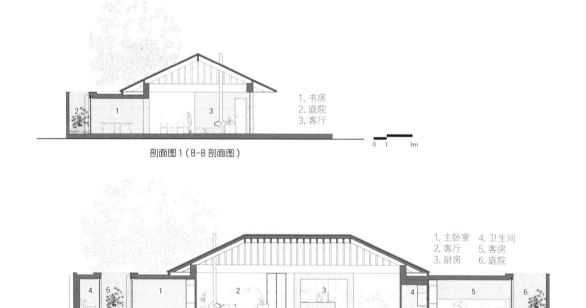

1. 书房
2. 庭院
3. 客厅

剖面图1（B-B剖面图）

0 1　　3m

1. 主卧室　4. 卫生间
2. 客厅　　5. 客房
3. 厨房　　6. 庭院

剖面图2（A-A剖面图）

0 1　　3m

书房

客厅细节　　　　　　　　　　　　　　　　　　　　客房 1

客房 2

建筑材料的使用：显现物料的朴素之美

　　控制空间、结构与材料的逻辑关系，围绕乡村休闲空间的基本特征，呈现物料的本真之美。四间房屋采用钢框架 + 混凝土板，现浇木模板混凝土顶板直接显现于室内空间之中。墙面使用了一种米黄色页岩砖。设计利用双层清水砖墙构造，在墙内空腔设有保温层，保证热工性能的同时，也保持了内外一体的砖材料肌理和质感，并隐藏结构、空调等设备管线。墙面在庭院部分由实砖渐变为漏砖，让房屋内外保持着光线和空气上的流通。室内外台基地面也全部由米黄色砖铺砌而成。公共空间屋顶采用了木结构密肋梁，屋面覆盖火烧板屋面瓦。木与砖材料的结合，共同营造出室内空间朴素、温暖、自然的氛围，并且由壁炉、餐台和钢琴进一步定义了不同公共活动区域。

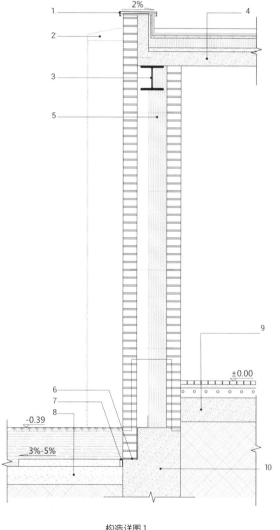

1. 1.2mm 厚氟碳喷涂铝扣板压顶
2. 预制落水口
3. 200mm x 200mm 工字钢梁
4. 平屋面
—40mm 厚 C20 混凝土保护层
—双层卷材防水层
—20mm 厚 1:2.5 水泥砂浆找平层
—80mm 厚挤塑苯板保温层
—30mm 厚（最薄处）轻集料混凝土找坡层
—120mm 厚钢筋混凝土屋面板
5. 墙身：
—60mm x 120mm x 240mm 红砖（每高 650mm 加拉结筋一道）
—160mm 保温填充
—100mm 空腔
—60mm x 120mm x 240mm 红砖（每高 650mm 加拉结筋一道）
6. 防水卷材
7. 嵌缝膏
8. 庭院地面：
—50mm 厚碎砖散铺
—250mm 厚回填土
—60mm 厚混凝土面层，撒1:1 水泥沙子压实赶光
—150mm 厚灰土，宽出面层100mm
—素土夯实，向外坡 3%~5%
9. 室内地面：
—30mm x 120mm x 240mm 红砖
—30mm 厚水泥砂浆红砖基层
—80mm 厚细石混凝土（上下配 Φ3@50 钢丝网片，中间配散热管）
—40mm 厚水泥砂浆找平层
—200mm 厚 C25 混凝土刚性地面，配筋三级钢 Φ8@200 双层双向
—素土夯实
10. 钢筋混凝土结构基础

构造详图1

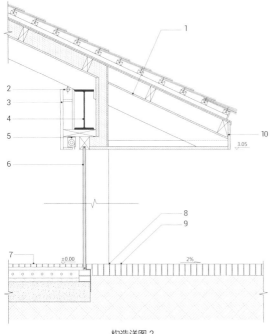

1. 坡屋面：
—150mm × 600mm × 12mm 烧杉板
—40mm × 60mm 木方
—40mm 厚木龙骨
—卷材防水层
—12mm 厚 OSB 板
—实木装饰板
—100mm × 200mm 木梁
—60mm × 140mm 木方
　140mm 厚挤塑苯板保温层
—实木装饰板
2. LED 发光灯带
3. 竹钢板
4. 400mm × 200mm 钢梁
5. 电动卷帘
6. 双层中空 LOW-E 玻璃
7. 30mm × 120mm × 240mm 红砖
8. 找坡起始线
9. 60mm × 120mm × 240mm 竖向铺红砖
10. 实木板檐口收边

构造详图 2

露台

磐舍

——用石头建成的北方传统合院式民居

建筑内庭院

项目建造背景

　　磐舍坐落于山东日照的古村落中。该村有着厚重的历史沧桑感，100余座百年老屋至今保存完好。房屋墙体多用产自附近沟涯河畔的石头砌垒而成，就像生命绽放之后留下的微弱烟火，人们能从斑驳中感受属于那个时代的精彩。初识该地惊于其野，感于其静，场地东侧紧靠山丘，西侧临水，三棵大树伫立其中。业主希望这座建筑可以用来满足休憩、待客等功能，其场所精神给人以志向隐于野的向往。

设计之初面临的挑战

　　在项目设计之初面临的最大挑战并非来自业主的需求与设计方案，而是自梁漱溟先生开始的中国乡村建设于当下时代背景的乡村文明地域性发展。设计师们认为在限定的场所设计和建造满足居住与娱乐功能的房子是简单的，而在乡村文明、地域文化、物料研究与传统文脉的语境下进行设计则是困难的。

　　项目用地位于一个北方传统古村落的山脚下，村中民居保留了当地特有的建筑形式与零星建造技艺。基于以上认知，设计师们将当地特有的石材物料作为建筑主体材料，并邀请当地还留有石材砌筑技术的老师傅参与到建造当中。此过程即是探索地域文化与物料研究的过程，而建筑的布局与形制作为对当地乡村文明与传统文脉的探索。建筑作为一方文明的存在形式，设计师们希望在每一处不同地域做建设活动，同时能够深入挖掘一方历史，并通过新的建造活动而传承，使其不至于在滚滚向前的时代车轮下化为灰烬。

建筑俯瞰，位于村落的一角

项目地点
山东省日照市

用地面积
约 880 m²

建筑面积
320 m²

设计公司
DK 大可建筑设计

主创设计师
杨玺琛

设计团队
高浩军、王域沣、王学艺

摄影
DK 大可建筑设计

设计草图

生长的建筑

　　建筑方案的生成源于对设计内容与场地的回应，设计师们利用当地特有的石材让它们重新回到更重要的位置，尝试创造一座"生长"出来的当代建筑，营造"垂钓坐磐石，水清心亦闲"的场所精神。以中国北方传统民居的居住逻辑作为原始模型开始推演，由围合三棵老树的院落空间向外延伸，四面围合布置房舍，根据流线与功能划分空间格局，满足餐饮、聚会、住宿等功能需求。"宅中有院，院中有屋，屋中有院，院中有天"，设计师们希望这是一种对"精神场所"的探索。

鸟瞰图

建筑与村庄的关系

建筑鸟瞰

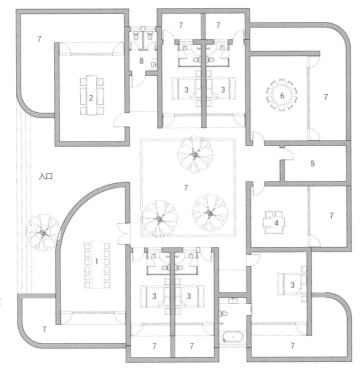

入口

N

1. 会议接待室
2. 休闲娱乐室
3. 客房
4. 茶室
5. 厨房
6. 餐厅
7. 庭院
8. 公共厕所

平面布置图

原场地

施工过程图

施工过程图

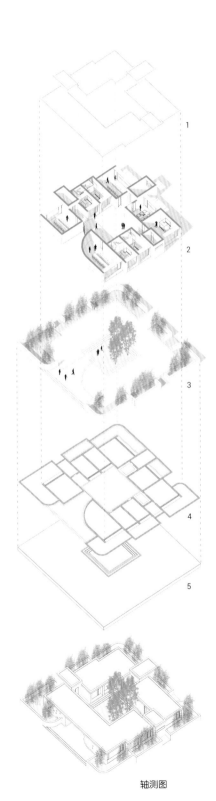

1. 屋顶
2. 空间布局
3. 微院落
4. 平面布局
5. 基地

轴测图

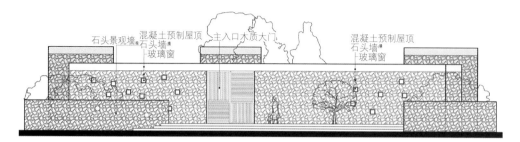

石头景观墙　混凝土预制屋顶　主入口木质大门　　混凝土预制屋顶
　　　　　　　　石头墙　　　　　　　　　　　　　石头墙
　　　　　　　　玻璃窗　　　　　　　　　　　　　玻璃窗

西立面图

从河对岸看向建筑

建筑入口

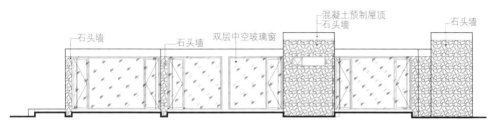

混凝土预制屋顶
石头墙
石头墙   石头墙   双层中空玻璃窗   石头墙

南立面图

建筑外观

有宅有院

  整座建筑磐居在山丘脚下，四面围合而成的建筑体量包含了餐厅、茶室、客房及接待室。每个房间的窗与中心庭院反向而开，这样的布置保证了流线朝内而视线朝外。基于私密性的考虑，设计师们在窗外同样利用石头堆砌的矮墙来界定外空间与建筑边界。矮墙与朝外向的大面积开窗之间又形成了独立于整体建筑的微院落，既保证了室内空间的采光与视野，同时也满足了在整体空间中私密空间与公共空间的转换。室内部分的装饰风格也以古朴自然为主，与建筑外观和室外环境相契合。工作室与会议室内部摆放着简单的实木桌子和用树干制作的椅子，简单的绿植则为室内增添了一抹生机。

从庭院看向卧室

建筑庭院

庭院保留三棵大树

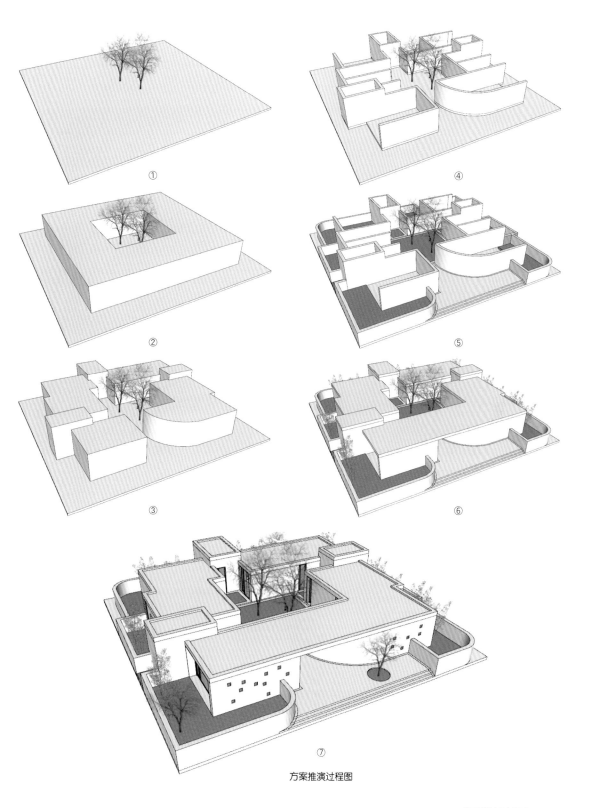

①
②
③
④
⑤
⑥
⑦

方案推演过程图

庭院

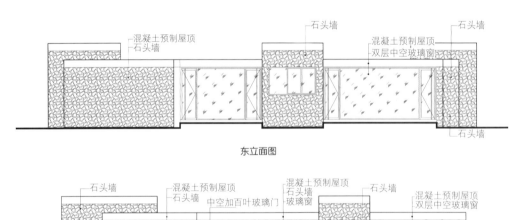

东立面图

北立面图

从山上看向建筑

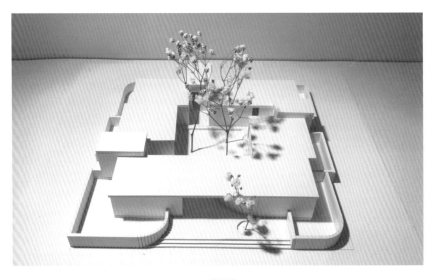

模型图

工有巧，材有美

　　为了很好地契合当地古村落的氛围，符合此地的气场，设计师们邀请了当地的工匠师傅，他们精湛的手艺是实现本项目的关键。建筑主体全部采用当地的自然石材，而且都是工人师傅纯手工砌筑，没有现代化器械的辅助，施工难度较大。设计师们在现场根据物料特性与工人师傅的手工砌筑技艺做方案的局部优化与调整，以达到最终效果。整栋建筑墙体全部采用石头砌筑，石头斑驳的纹理给这座建筑赋予了自然的气息，使其更好地与山水环境融为一体。大面积玻璃窗的嵌入又与斑驳的石墙形成视觉对比，传统与现代感完美融合。

会议室

室内细节

艺术家工作室

建筑创作是从无到有的实验过程，而结果会给场地带来永久的改变。使用者不常在而自然常在。设计师们希望作品有扎根于自然并与自然常在的关系，最终呈现一座融于自然的石头房子，其精神是一座不一般的石头房子，这也是定义"垂钓坐磐石，水清心亦闲"的磐舍由来。

入口左侧

排水沟

入口右侧

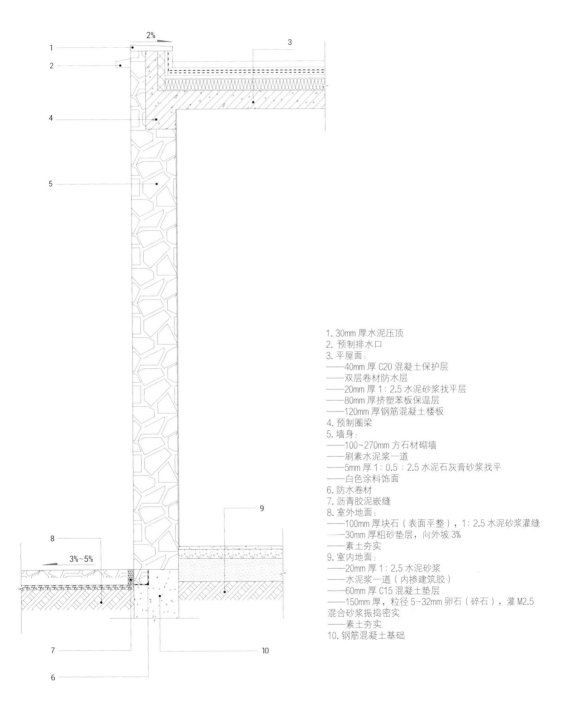

1. 30mm 厚水泥压顶
2. 预制排水口
3. 平屋面：
——40mm 厚 C20 混凝土保护层
——双层卷材防水层
——20mm 厚 1：2.5 水泥砂浆找平层
——80mm 厚挤塑苯板保温层
——120mm 厚钢筋混凝土楼板
4. 预制圈梁
5. 墙身：
——100~270mm 方石材砌墙
——刷素水泥浆一道
——5mm 厚 1：0.5：2.5 水泥石灰膏砂浆找平
——白色涂料饰面
6. 防水卷材
7. 沥青胶泥嵌缝
8. 室外地面：
——100mm 厚块石（表面平整），1：2.5 水泥砂浆灌缝
——30mm 厚粗砂垫层，向外坡 3%
——素土夯实
9. 室内地面：
——20mm 厚 1：2.5 水泥砂浆
——水泥浆一道（内掺建筑胶）
——60mm 厚 C15 混凝土垫层
——150mm 厚，粒径 5~32mm 卵石（碎石），灌 M2.5 混合砂浆振捣密实
——素土夯实
10. 钢筋混凝土基础

结构详图

北京延庆乡间居所

——废弃农舍的新生

北侧外观

项目所在地自然环境

这处风景优美的基地位于一个群山环绕、远离城市的山村，中国北方常见的农舍已成废墟。设计师们决定保留和重修原有四开间中的两间作为记忆，也作为可以续发新生的根脉。

向东侧山崖敞开的卧室过道

项目地点
北京市延庆区千家店镇大石窑村

基地面积
738 m²

建筑面积
280 m²

设计公司
甲乙丙设计 + 在场建筑

主创设计师
萨洋、钟文凯

设计团队
符永鑫、孙晓倩、苟曜、
张利方、王夏茜

摄影
在场建筑 2020、甲乙丙设计 2020

从东南上层露台所见的居所外观

从院落西南门廊所见的居所外观

基地原貌

建筑主体改造

　　部分被切断的西侧开间通过拱门向高耸的大厅打开。侧高窗和开放式厨房上方的圆窗带来戏剧性的光线和视野。大厅两侧不对称布置的低矮空间为入口、餐厅、炕和其他辅助功能营造了更为亲切的氛围。

从重修的农舍通向大厅的拱门

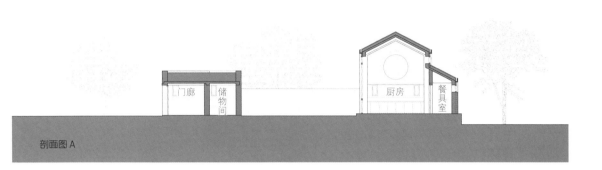

剖面图 A

门廊　储物间　厨房　餐具室

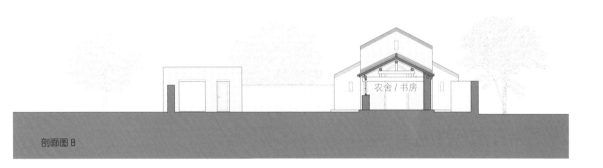

剖面图 B

农舍 / 书房

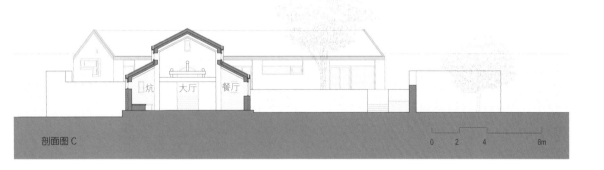

剖面图 C

炕　大厅　餐厅

0　2　4　　8m

大厅北侧的炕及辅助空间

大厅内的圆窗和侧高窗

新旧结构相互咬合。农舍的一列木梁柱构架穿入大厅，立于新建的红砖高墙和混凝土结构之间的空隙里。重建的东山墙也被混凝土结构的廊道穿透，连接基地东面地势较高的卧室侧翼。

大厅内的开放式厨房，入口及餐厅（早晨）

大厅内的开放式厨房，入口及餐厅（下午）

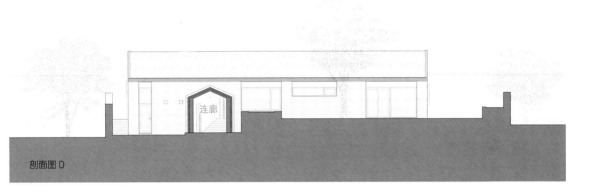

剖面图 D

厨房　大厅　农舍／书房　连廊　过厅

剖面图 E

卫生间　主卧　卫生间

剖面图 F

0　2　4　8m

剖面图

起居空间的序列沿轴线展开，卧室区的几何形式则在屋脊线和房间朝向之间形成生动的转角。建筑物隐蔽的东立面呈"之"字形转折，而不平行于山脚的挡土墙，创造私密性的同时也带来出人意料的视野和光线。

三面开窗的南侧主卧室　　　　　　　　　　　　　　　　中间卧室卫生间的视野

向东侧山崖敞开的卧室过道

除连接的廊道以石板覆盖以外，高低错落的一系列建筑体量都顶着双坡瓦屋面。瓦片来自附近村落里被拆除的农舍，被回收后重新利用。屋顶上简练的金属边框及暗藏檐沟与乡土农舍的挑檐形成对比，木质的檐下板则贯穿新老建筑。

卧室侧翼朝向东侧山崖的锯齿状立面

回收利用的瓦片、金属屋檐及暗藏檐沟为边框的瓦屋顶

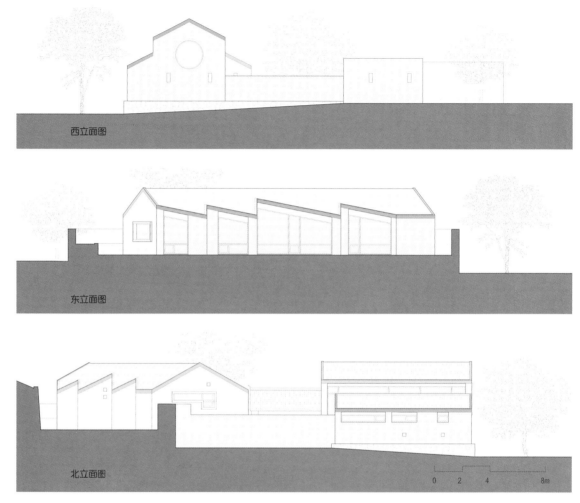

西立面图

东立面图

北立面图

0   2   4   8m

立面图

沿轴线串联的大厅、部分重修的农舍及通往卧室侧翼的连廊

西侧外观

室内设计

　　室内材质包括清水混凝土、红砖、黑石板，以当地毛石和白色花岗岩为点缀。松木床龛与悬浮的白色折叠天花形成了工艺上的反差。

朝西开窗的中间卧室

东向采光的北侧卧室

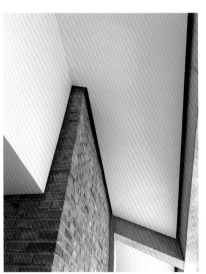

悬浮的折叠天花

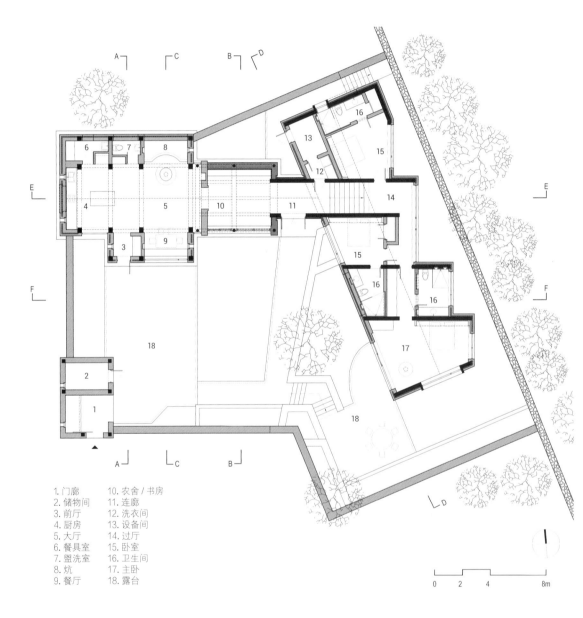

1. 门廊
2. 储物间
3. 前厅
4. 厨房
5. 大厅
6. 餐具室
7. 盥洗室
8. 炕
9. 餐厅
10. 农舍 / 书房
11. 连廊
12. 洗衣间
13. 设备间
14. 过厅
15. 卧室
16. 卫生间
17. 主卧
18. 露台

0 2 4   8m

总平面图

主人的居住体验

    屋子的主人用多年来悉心收集的家具和个人物件装点了这处居所。再生的农舍是阅读和研习书法的书房，成为家的心之所在。

重修的农舍内部的书房1

混凝土结构的连廊

重修的农舍内部的书房2

杏花径住宅

——被杏树环绕的改造新屋

庭院及南面新建的起居室

项目所在地自然环境

  杏花径住宅位于北京以北约 60km 的慕田峪长城脚下，靠近北沟村的北侧边缘，荒废的村舍四周遍布杏树，因此将建筑取名为杏花径住宅。

  前往用地要穿过一条由北向南的巷道，这在村里并不多见，大部分房子都坐北朝南，背对北面的山麓。一棵杏树在巷道的尽头斜伸出来，迎接到达村里的访客。树后面是折返的短坡道，引向旧砖砌筑的悬挑门廊。推开院门，人便置身于有遮盖的敞廊底下，面对原有房子的石砌山墙，让人想起传统四合院入口处的影壁。

改造的农房室内

庭院及北面改造的农房

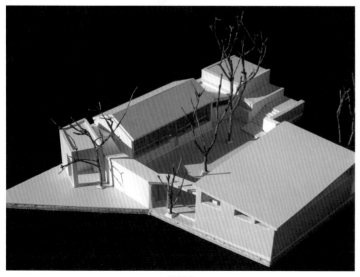

模型图

项目地点
北京市怀柔区北沟村

院落面积
404 m²

建筑面积
172 m²

设计公司
甲乙丙设计 + 在场建筑

主创建筑师
萨洋

设计团队
钟文凯、孙晓倩、
李坦然、张梦瑶

摄影
夏至 © 甲乙丙设计、
Emily Tang Spear © China Bound
Ltd.、在场建筑

建筑主体改造

    原有房子是一间简陋的小屋，用当地建筑最常见的木结构、瓦屋顶和毛石墙建造。它以转折的敞廊和南面新建的起居空间相连，中间形成露天的庭院。房子的三个开间改造为两间卧室，主卧卫生间向东延伸出去，西侧加建的门廊结构同时也容纳了设备间。卧室从侧后方老房子和平屋顶门廊之间的交接处进入。令人意想不到的是，抬头透过天窗还可以瞥见远处的长城。

原有农房外观   原有农房室内

敞廊及庭院   入口门廊及坡道

入口庭院

这种侧面的连接方式使老房子的外立面得以完全保留，新装的断桥铝窗户隐藏在久经风雨的木窗格背后。窗下墙内侧、北墙外侧以及所有新建部分都安装了保温层。卧室里暴露着老旧的木结构梁柱，村里制作的琉璃瓦碎片给室内添加了亮色。

新建的单坡屋顶起居室

改造为卧室的农房

保留原有外立面的农房

过道　卧室　　　起居室

剖面图1

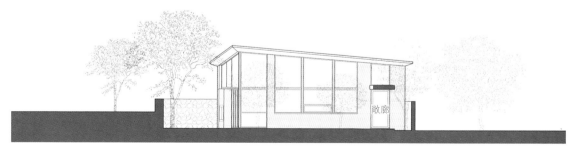

敞廊

剖面图2

在用地轮廓线斜边的制约下，南侧体量构成平行四边形的平面，里面容纳了开放式厨房、就餐和起居区域、内外穿透的壁炉和类似于传统炕床的砖砌卧榻。空间的四周被不同高度的窗户所环绕，将光线从各个方向带入。

起居室内的炕和壁炉

起居室内的开敞式厨房和岛台

1. 入口庭院
2. 院门
3. 洗衣设备间
4. 天窗
5. 过道
6. 卧室
7. 主卧
8. 敞廊
9. 老井
10. 露台
11. 厨房
12. 起居室
13. 炕
14. 壁炉

0　2　4　　　8m

总平面图

入口悬挑门廊

连接新旧建筑的敞廊

起居室的屋顶和老房子形成对比，以钢结构支撑，直立锁边铝板覆盖的单一平面朝两个方向倾斜，升起到东北角的最高点。从室内看，金黄色的麦秸板天花引导人的视线越过庭院对面的老房子，指向北面山麓和长城的极佳视野。

农房内改造的卧室

加建的主卧卫生间

卧室内裸露的原有木结构及琉璃瓦墙

兰舍

——隐于半山腰的生态居所

场地内保留的樟树与悬挑的客房

项目选址

项目选址是设计师们同业主一起在两期民宿地块之间游走探寻所确定的。此地块位于半山腰处，场地内原生树木环绕，有明显的山脊线和场地高差展现。选择此地块的主要原因有三：①东南侧靠近山体边缘，有远眺开阔田园景观的良好视野；②树木茂密，能较好地吻合业主藏于自然的期望，达到私密性的同时营造舒适的微气候；③位于两期民宿之间的位置，既有较为方便的交通联系又不至于过于紧密而被经营的民宿所打扰。场地内有原始的樟树、栗子树、杉树数十棵自然散布，地形延续了山地的地貌，东侧有一块已经耕种了几年的茶田。站在场地内望向东南边则是一片开阔的田园景观。

俯瞰内院与屋顶

项目地点
湖南省益阳市安化县

建筑面积
458 m²

设计公司
之行建筑设计事务所

主创设计师
陈恺、周子乔

摄影
山兮建筑摄影 陈远祥

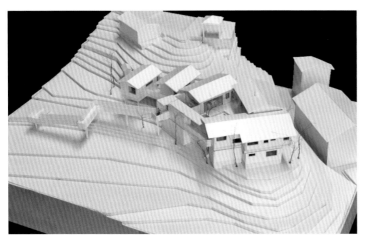
场地原址模型

设计建筑模型

藏于树林间的建筑

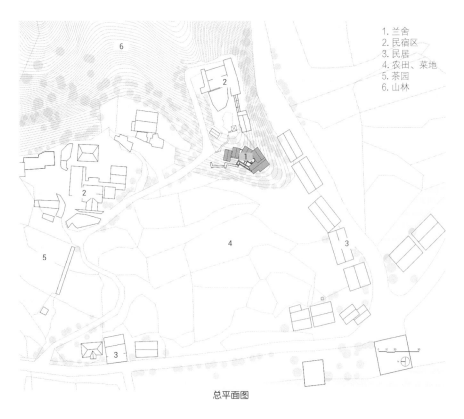

1. 兰舍
2. 民宿区
3. 民居
4. 农田、菜地
5. 茶园
6. 山林

总平面图

设计策略

　　设计从定位场地内的树木开始，为了使保留树木能良好地继续生长，让建筑成为"配角"是设计师们最开始就确定了的设计原则。

　　保留下来的十余棵乔木，是设计范围内建筑体量水平方向界定的重要依据。而对于山地地形的竖向关系，设计师们更多的是考虑保留山体的地形高差，将建筑架起于山体土堆之上，以此平接从茶园过来的小道，而建筑整体也只有一层，基本做到了极少的土方开挖。

　　从第一稿的草图可以看出设计师们想要以正交轴的建筑平面来应对这不规则的树的界定关系。但在和业主一同讨论的过程中，除了建筑功能和面积上的增加外，竖向的高差关系、功能布局关系以及建筑正交轴线关系都成为了设计反复思考的重点。

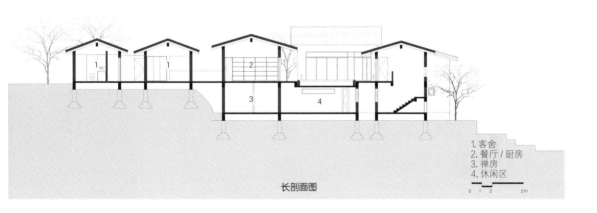

1. 客舍
2. 餐厅 / 厨房
3. 禅房
4. 休闲区

长剖面图

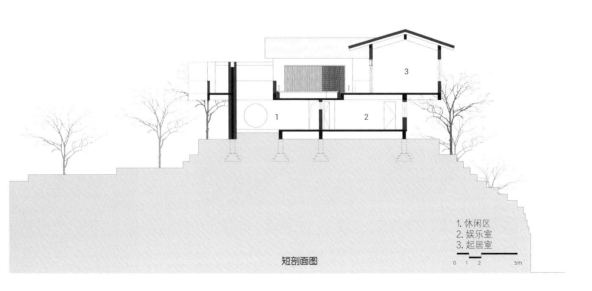

1. 休闲区
2. 娱乐室
3. 起居室

短剖面图

在设计的中段，业主的两位设计界朋友也同时参与到平面及空间构想的工作中。大家对于内部功能布局、上下空间的连接关系以及建筑的非正交轴线关系等问题都给出了许多具体的建议。在经过几轮的平面深化后，最终得到了基本确定的空间布局方向：主体建筑转动角度形成半围合而私密的内院，也是业主活动的主要空间；同时主体栋也包含了两层的体量，以建筑内部的交通来化解其竖向的空间关系；管理房及功能用房被设置在了进入内院后的最末端以及一层，将最好的东南向视野和内院视野都让给了公共活动属性最强的起居室、茶室和餐厅等主要空间；客房栋则独立于主体栋之外，沿着茶田的等高线水平排开，将视野引向栈道后的远山，后部则面向茶田景观。

场地原始地形

保留主要树木，限定出建筑边界范围

依山而适，开挖少量土方，平整场地

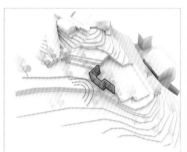

砌筑毛石墙，隔绝西侧主路噪声，
界定建筑围合边界

生成围合及散落体量，形成小聚落布局

依据功能布局形成转折变化的流线

建筑内外形成院落及天井

建筑内外不同景观视线关系的引导

建筑生成

建筑生成概念图解

茶田边俯瞰建筑，能看到建筑整体面貌

　　建筑由此一步步地推导而形成了小体块分散式的体量，以此结果灵活地应对复杂的现场情况。在呼应周边建筑群落的同时，也让建筑更好地"藏"于这片山林之间。

站在栈道平台上眺望开阔远山

廊桥栈道

　　树是场地中非常重要的界定因素，除了对建筑体量的界定之外，也成为栈道转折方向的主要依据。栈道是连接建筑最重要的交通空间。设计师们希望业主在进入建筑的过程中，也能有步移景异的体验。紧贴的樟树、开阔的远山以及院外的水池等景观，都丰富了进入建筑前的空间序列。

栈道出挑平台与其下的景观汀步

入口处的毛石墙

入口处的毛石片墙是设计师们在设计的初始阶段便设想的内容。它具有围合主体建筑院落以及隔离西向道路噪声的主要功能。片墙在视觉上分隔出了内院与外院，同时在空间的界定上也同样是区分公共与私密空间的重要元素。片墙的形态由最开始的一折 L 形最终演变成了两折的 Z 形，其结构关系更强。入口空间也由毛石墙划分出了树院、生活平台及廊桥，更丰富了进入建筑内院时"收"与"放"的空间体验。

进入大门后对应樟树庭院而收窄的视野

入口连廊连接内院

入口连廊导向内院空间

庭院主入口

深灰色毛石是安化当地常见的一种垒筑挡土墙的材料，其表面的质感会让人更明显地感受到墙外粗犷与院内细腻所形成的对比。

两个树院 "天井"

为了保留现场两棵重要的樟树，入口处毛石墙与主体建筑的围合关系中便多了这两个树院的"天井"空间。建筑主体包含两层体量，建筑的二层为主要活动院落。两个"天井"以树为中心，连通一、二层的竖向空间，将天光引到下一层，提升一层空间品质，同时将树的景观对向二层活动院落，更进一步加强上下的空间联系。

一层休闲区对应的天井与天窗

一层庭院空间

两个连通一、二层的天井，两棵场地内原有樟树对应着这两个垂直方向的空间

每栋客房之间的平台避让场地内的樟树，同时可眺望远山

大悬挑的屋顶与内院

考虑到安化多雨的气候以及业主喜好半室外活动的生活习惯，设计师们将屋面悬挑从 1m 扩大到了 1.6m，增加了支撑的钢结构。更大的出挑屋面不仅提供了更多的半室外内院活动空间，也让在内院活动的尺度变得更加宜人。半围合的内院框出了独有的一片天，地面的一小潭镜面水及天井中的樟树映衬其间，使得内院中散步、喝茶、健身等活动都变得更加自然而惬意。

二层主要活动内院，望向保留的樟树及远山

雨中的二层活动内院

在材料方面，设计师们也更多地使用了当地常见的建筑材料：当地毛石、陶瓦、混凝土、外墙肌理涂料等。而在屋面的构造设计上，设计师们和业主一同选择了新的木构体系，其目的就是为了更好地改善室内的品质，加强屋面隔热保温的性能，在建筑室内一体化成型的同时实现更加快速的建造。

客房室内空间

茶室空间，窗口眺望开阔的田野

建筑典型墙身构造图

1. 屋脊
—脊瓦（与平瓦交接处预留通风口）

2. 屋面
—陶瓦
—挂瓦条
—沥青防水卷材
—12mm 厚胶合板
—20mm 厚通风层
—30mm 厚聚苯板
—呼吸膜
—12mm 厚胶合板
—184mm×38mm 美国南方松檩条

3. 通风窗
—38mm 厚美国南方松窗框
—28mm 厚胶合板窗页
—金属旋转轴

4. 楼面
—25mm 厚菠萝格防腐木地板
—50mm×30mm 钢龙骨（涂防锈漆）
—现浇 120mm 厚钢筋混凝土楼板

5. 排水沟
—暗藏金属沟盖板
—防水涂料
—现浇钢筋混凝土排水沟

6. 镜面水池
—5mm 厚黑色瓷砖
—防水涂料层
—找平层
—现浇 150mm 厚钢筋混凝土楼板

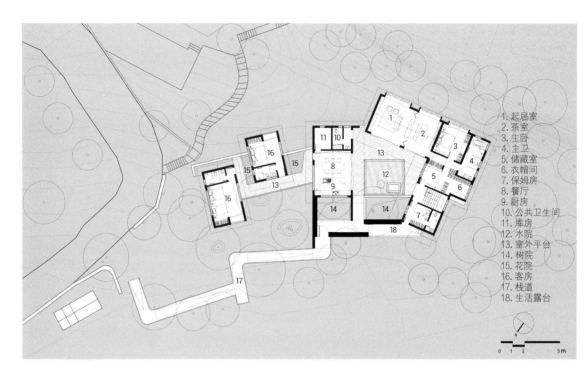

1. 起居室
2. 茶室
3. 主卧
4. 主卫
5. 储藏室
6. 衣帽间
7. 保姆房
8. 餐厅
9. 厨房
10. 公共卫生间
11. 库房
12. 水院
13. 室外平台
14. 树院
15. 花院
16. 客房
17. 栈道
18. 生活露台

二层平面图

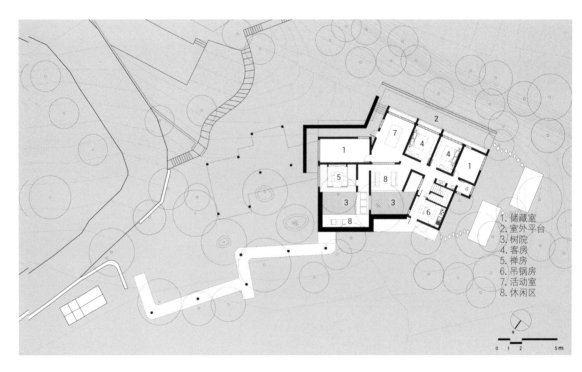

1. 储藏室
2. 室外平台
3. 树院
4. 客房
5. 禅房
6. 吊锅房
7. 活动室
8. 休闲区

一层平面图

业主居住反馈

  在业主入住半年多后，设计师们得到了许多业主使用上的反馈：空间使用上还原了设计的趣味性；新型屋面构造带来舒适的体验；室内壁炉提升了冬季的舒适度；夏季负一层空间较室外低了 6~7℃；镜面水池排水沟构造使得落叶便于清扫；反梁结构处的防水处理需考虑得更全面；上午的太阳照射角度比设计预期的减小许多；等等。这些反馈都成为他们之后设计道路上的宝贵经验。

通透栈道与建筑连廊之间的水景，倒影树影环境

建筑融于树木及水景中

主要活动内院

挡土墙与出挑其上的建筑

四方居

——供身在四方的儿女回家相聚的居所

老宅原貌

　　绿色的田野、乡间的小道、清澈的小河，是这座老宅40多年来最亲切的邻居，也承载了两位老人和5户子女的满满回忆。如同陶渊明诗句里所描绘的那样，"方宅十余亩，草屋八九间"，原本的老宅是几栋分散的独屋，随着儿女们成家立业，愈发显得使用不便。

园中有屋，屋中有院

　　重建后的建筑化零为整，四方环绕，对内围合形成了一个可休憩、可欢聚的院落。加强空间联系的同时，也营造了团聚的氛围，自然而然地将所有家庭成员更紧密地联系在了一起。

夜晚顶视

田园环境中的四方居

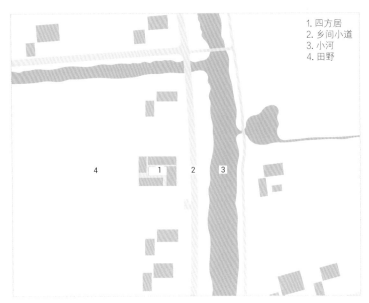

1. 四方居
2. 乡间小道
3. 小河
4. 田野

总图

项目地点
江苏省盐城市建湖县

项目面积
300 m²

设计公司
同一建筑设计事务所

主创设计师
孔哺虹

设计团队
贺佳、倪征东、胡晓霞、
李鹏、张健

施工图设计
上海创霖建筑规划设计有限公司

室内设计
舒启室内设计（上海）有限公司

景观设计
上海泽柏景观设计有限公司

摄影
筑作视觉

建筑朝向道路一侧设置为相对公共的客厅、餐厅和厨房，而私密的各间卧室则靠近农田布置。在紧凑的平面布局中，一方面将景观及朝向最佳的西南角留给最常居住的父母主卧，另一方面仍然为 5 户子女预留了卧室，让在外的子女不忘来自家乡的牵挂。

南侧鸟瞰

模型图

建筑为单层坡顶形态，坡顶的空间也被充分利用作为复式卧房、阁楼以及露台的凉棚。与传统合院建筑不同的是，住宅的坡屋面没有形成封闭的环形，而是在每一侧做了局部的断开，最终成为风车形的四个独立屋面。每当下雨时，四方屋面的雨水经平台的出水口汇集到内院，将传统的"水聚天心，四水归堂"的形制赋予了现代的形式。

田野中的四方居

内坡屋面

从屋面看内院

东侧小道和入口

内院宁静，但不乏诗意。院中精心选择的一棵紫薇树，为整个院子带来了一抹灵动和色彩。客厅、餐厅、卧室、连廊等一系列居住空间通过院落的光影与景致联系在一起，充满场所感的日常生活氛围油然而生，亦勾勒出乡间生活的怡然自得与恬淡闲逸。

内院和紫薇

　　这座焕发生机的新宅正如林语堂笔下所描绘的闲雅院落："宅中有园，园中有屋，屋中有院，院中有树，树上见天，天中有月。"

四方居分析图

收放转折，步移景异

    遵从中国传统园林中"宅不应一眼望尽"的古训，建筑自入口至内院设置了一系列收放转折的空间序列，从而塑造了富于变化的空间体验。

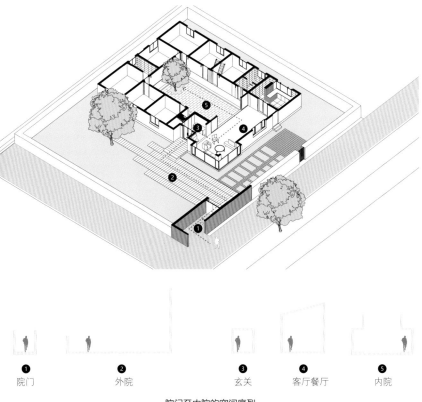

❶	❷	❸	❹	❺
院门	外院	玄关	客厅餐厅	内院

院门至内院的空间序列

    由于入口紧邻道路，院门不仅是一道门户也成为一个过渡空间，经这个空间转向朝南的大门才可进入开阔的外院。院内的银杏和院外的大槐树成为内外两侧的对景，不仅承载着居者归家的礼序之感，也颇有移步异景的古典意趣。

入口院门

院内院外的大树

为了弱化硬性的围合，外院周边采用金属网围栏加绿篱，既维护了家宅，又保留了建筑与田野、邻里间的关系。院子东侧保留了原来的菜地，同时参照"一米菜园"的布局重新对菜地进行了划分。年长的父母虽已不适合从事繁重的农活，却依然可以在这方小天地延续以往播种和收获的快乐。

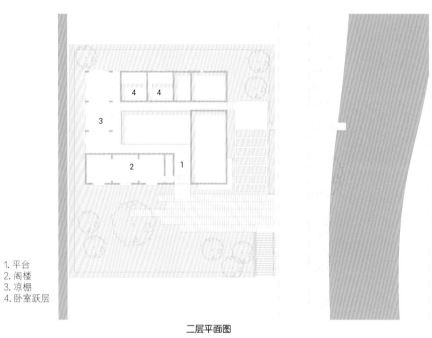

1. 平台
2. 阁楼
3. 凉棚
4. 卧室跃层

二层平面图

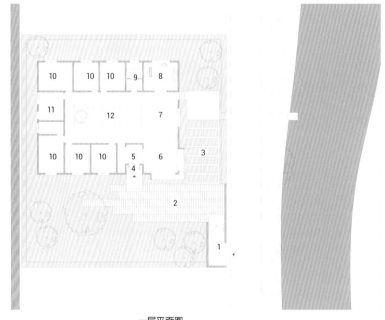

1. 院门
2. 外院
3. 菜园
4. 门楼
5. 玄关
6. 客厅
7. 餐厅
8. 厨房
9. 卫生间
10. 卧室
11. 茶室
12. 内院

一层平面图

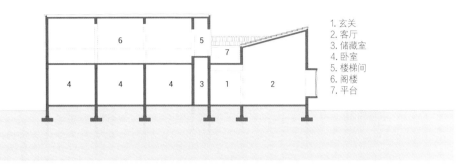

1. 玄关
2. 客厅
3. 储藏室
4. 卧室
5. 楼梯间
6. 阁楼
7. 平台

剖面图 1

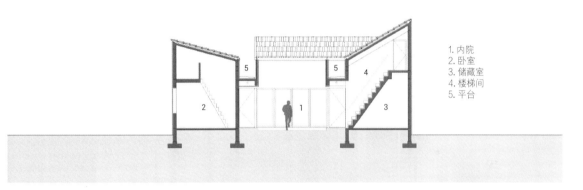

1. 内院
2. 卧室
3. 储藏室
4. 楼梯间
5. 平台

剖面图 2

东南角全景

建筑的入口同样营造了古典的节奏感，从户外的院子上两级台阶至半室外的门廊，在真正意义的登堂入室之前，小巧的玄关是归家的序曲。玄关的墙面和顶面都采用了木质材料，木盒子的小空间塑造了进入住宅的第一眼温馨。随后，眼前豁然开朗，客厅与餐厅设置为一个通长方正的大空间，类似老宅的"堂屋"，在满足现代客厅的需求之外，还兼顾满足了乡村宴请和聚会的需求。考虑家具的灵活布置，室内没有繁琐的装饰，而是用角部飘窗和落地移门将自然光线和室外景色引入室内，以明亮亲切的方式折射出整个家庭简单美好的生活哲学。

客厅和餐厅

客厅飘窗

相对于柔性而开放的外院，由建筑围合而成的内院是一个内向型的空间，是家人聚会的场所也是从公共区域去往内部卧室的通道。餐厅面向内院的三轨道平移门，可以打开 2/3 的面宽，最大限度地把庭院风景引入室内。

餐厅和内院

从内院望向餐厅

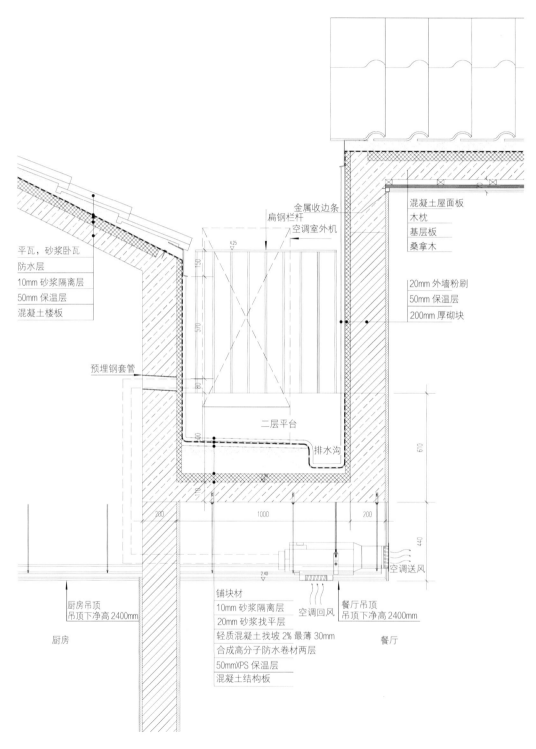

平瓦，砂浆卧瓦
防水层
10mm 砂浆隔离层
50mm 保温层
混凝土楼板

预埋钢套管

金属收边条
扁钢栏杆
空调室外机

混凝土屋面板
木枕
基层板
桑拿木

20mm 外墙粉刷
50mm 保温层
200mm 厚砌块

二层平台

排水沟

厨房吊顶
吊顶下净高 2400mm

厨房

铺块材
10mm 砂浆隔离层
20mm 砂浆找平层
轻质混凝土找坡 2% 最薄 30mm
合成高分子防水卷材两层
50mmXPS 保温层
混凝土结构板

空调回风

空调送风

餐厅吊顶
吊顶下净高 2400mm

餐厅

屋面节点

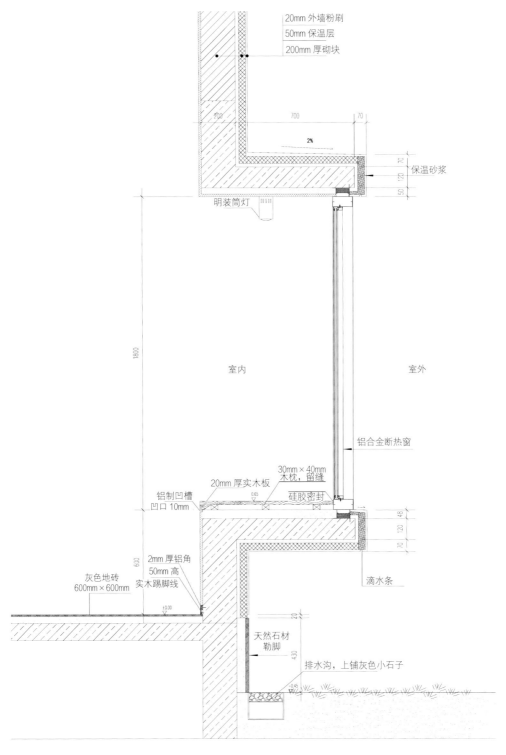

20mm 外墙粉刷
50mm 保温层
200mm 厚砌块

2%

保温砂浆

明装筒灯

室内

室外

铝合金断热窗

30mm × 40mm
木枕，留缝

20mm 厚实木板

铝制凹槽
凹口 10mm

硅胶密封

2mm 厚铝角
50mm 高
实木踢脚线

灰色地砖
600mm × 600mm

天然石材
勒脚

滴水条

排水沟，上铺灰色小石子

飘窗节点

旧时记忆，今日栖居

"回忆是一种很奇妙的东西，它生活在过去，存在于现在，却能影响未来。"作为全家生活了40多年的居所，老宅的一草、一木、一砖、一瓦，乡村生活的点点滴滴、家长里短，都是屋主全家的珍贵回忆。院门的红色黏土砖来自老宅的墙体，建筑师用心将这些红砖保留下来，并在新建筑里赋予它们新的意义。这些略带斑驳的红砖既有一种珍贵的手工艺感，也转载着岁月的气息和记忆。这或许就是灵光消逝的年代里，难能可贵的美意。

红砖院门

在乡村生活里，用砖块砌成的土灶台并不仅仅是做饭的工具，更多的是人们对于生活的精神寄托，承载着一个家庭的希望。在几十年之前，一个家庭最大的愿望就是让大家都能吃饱米饭，那一小方的土灶台，就是愿望之源。时代的发展让生活条件越来越好，但这一份温馨的家庭回忆并不会随着时间流逝而消退。因此建筑师将传统土灶的设置融入了现代厨房的布局，并精心考虑了灶台的交接、烟囱的设置和柴火的堆放，在新宅中延续了土灶的温情，也保留了屋主一家老小围着炉灶忙活的旧日记忆。

结合土灶的厨房

原来因为居住空间紧张，能干的屋主父亲在西侧厢房亲手用木板搭建了阁楼，每当新年子女归来时，这个阁楼的地铺就可以作为好几口人的卧室。建筑师在新宅的设计中采用了类似的手法，结合建筑的坡顶空间将其设置为复式房间，并将老宅保留下来的木地板用作了阁楼的地板。在这间卧室里，当年爬上阁楼挤在一起"打地铺"的场景犹在昨日，在老宅新宅的时空交错之间，所有的爱与关怀永不改变。

复式卧房

东南角的客厅及入口

"如何成为现代又回归本源"是一个永远存在的古老挑战。而在这片载着满满回忆的土地上，建筑师用对使用者的尊重去续写这一户人家的温情与故事。每一个好作品都是用对设计的深思熟虑和精雕细琢去展现建筑之不为建筑的一切。四方居，作为一个历史与现实的传承，表达出业主和建筑师共同的生活态度：珍惜往日，亦面向未来。

崇明岛沈宅

——半层组合的空间游戏

建筑主立面

场地及限高

　　2018 年底，年轻的业主委托灰空间建筑事务所的设计师为他在上海市区北侧的崇明岛上设计一所用于度假的自宅。建筑场地位于他祖辈流传下来的宅地上。北侧是建筑密度较低的村庄住户，南侧越过一片低矮的鸡舍能看到壮阔的长江大堤。

建筑侧视图

项目地点
上海市崇明区

用地面积
620 m²

建筑面积
270 m²

设计公司
灰空间建筑事务所

主创设计师
刘漠烟、苏鹏

设计团队
琚安琪、杨潇晗、李园园、应世蛟

结构顾问
李荣鑫

施工单位
尚层装饰

摄影
柯剑波、孙崧

建筑鸟瞰图

区位环境

地块西侧是村庄道路,南侧为空地,北侧和东侧则被高大的水杉和灌木丛包围。

建筑严格受限于当地自建住宅的场地退界距离、限高及面积要求,因此建筑被分为两个部分建造——两层半高的主房及一层半高的辅助用房。

地块东侧小径

从辅房看向主房

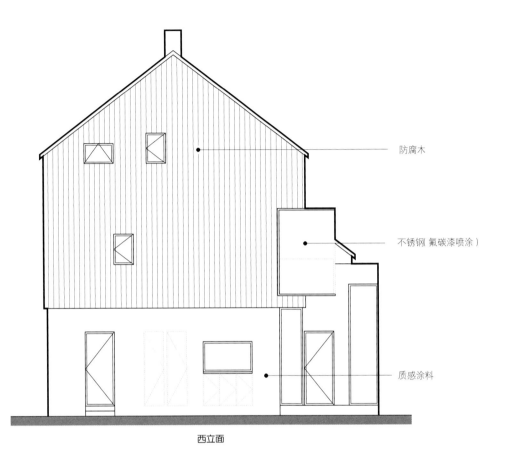

防腐木

不锈钢(氟碳漆喷涂)

质感涂料

西立面

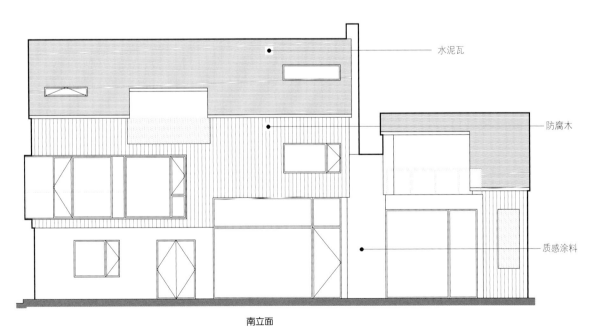

水泥瓦

防腐木

质感涂料

南立面

层高与空间

住宅内部的功能区被分为两个部分，分别为公共区和睡眠区。其中公共区需要更开敞的空间氛围，而睡眠区则需要更私密的空间尺度。设计师将这个诉求与"两层半"的主房限高和"一层半"的辅房限高相结合，把整个建筑不同使用功能的标高整合在几组半层高度的位置。

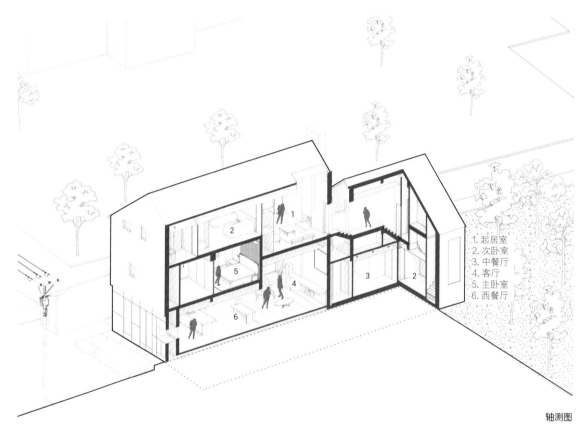

1. 起居室
2. 次卧室
3. 中餐厅
4. 客厅
5. 主卧室
6. 西餐厅

轴测图

客厅、餐厅和厨房位于建筑底层 ±0.00 标高处，其中主房的客厅和辅房的餐厅均有一层半的层高，厨房和早餐厅则被整合在一层的层高区域。

由早餐厅看向客厅

由客厅看向早餐厅

阁楼内剩余的半层空间被设计为卫生间及榻榻米房，通过天窗和浴缸的对位关系改善层高不足的缺陷。

起居室通向次卧

阁楼卫生间

交通与场所

　　各个半层的标高以不同的楼梯形式相互连接，而楼梯亦作为重要元素参与空间形式的定义，每组楼梯均成为空间内产生戏剧化效果的视觉焦点。而楼梯下方的空间也被卫生间、洗衣房、水吧台、储藏室等功能填满。

客厅楼梯

起居室楼梯

室外楼梯连接了主房和辅房并消解了起居室和露台的高差。各个不同层高的区域被若干分成小段的楼梯串联起来。

辅房露台

室外楼梯

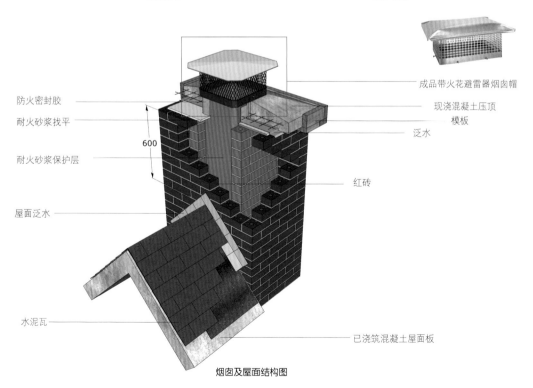

烟囱及屋面结构图

材料和光

　　室内用材以涂刷木蜡油的实木加质感涂料为主,局部辅以米黄色大理石及红砖,希望通过材料粗糙的肌理和手工质感营造温暖的度假体验。

大理石拼贴实木材质

红砖拼贴实木材质

白色三聚氰胺板拼贴实木板材

一层客厅近景

由客厅看向西餐厅

客厅一隅

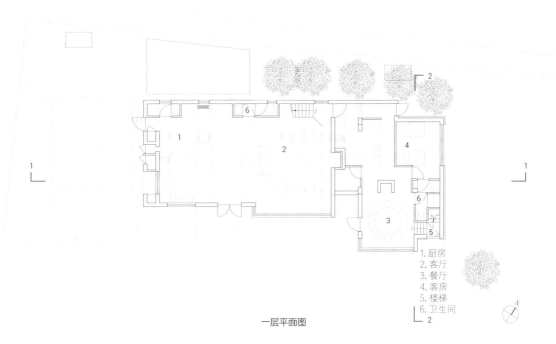

一层平面图

1. 厨房
2. 客厅
3. 餐厅
4. 客房
5. 楼梯
6. 卫生间

而实木移门则为主卧的睡眠区和活动区提供了可开可合的不同生活场景，凸窗和阳台分列睡眠区和活动区两侧，将室内空间向室外延伸。

主卧移门

光线作为室内氛围塑造的另一个重要组成部分，也在建筑中被精心设计。家庭室的天窗让房间一整天沐浴在阳光里，浴缸上方的天窗则可引入星光。楼梯口、厨房台盆处、西厨岛台一端的窗户产生的对景让使用者能时刻感受到外部光线细微的变化。

厨房窗户

家庭室的天光实木板材

位于阁楼处的起居室 1

位于阁楼处的起居室 2

位于阁楼处的起居室 3

主卧移门

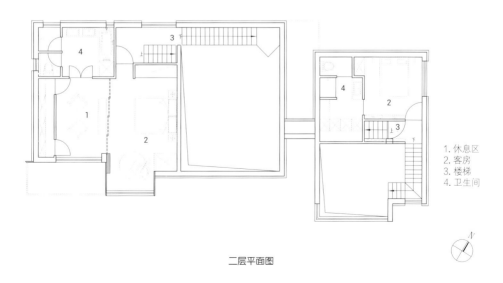

1. 休息区
2. 客房
3. 楼梯
4. 卫生间

二层平面图

设计寄语

在快节奏的现代生活中，人们对儿时家乡的田园生活也日益向往。城市打拼，回乡建宅已成为一种趋势。设计师希望业主一家可以在此享受悠闲的假期生活，在忙碌之余也能体验田园生活的乐趣。

起居室天窗

阁楼卫生间   辅房楼梯窗景

1. 客厅
2. 客房
3. 楼梯
4. 卫生间

三层平面图

间之家

——在分离与穿透之间的日常

院子和树

建筑原貌

　　本案项目位于浙江省衢州江山市何家山。村子里最初规划的30余栋自建房用地均以抽签的方式决定位置。靠近道路的"间之家"的用地虽然前区开阔但是朝向不佳，大面积的北侧庭园无法受到光照。周围的房屋未经设计，是典型的近三四十年内的农村自建房，其间电线密布，野草间生。

鸟瞰南侧夜景

项目地点
浙江省江山市虎山街道何家山

建筑面积
415 m² (主体) + 39 m² (土灶房)

建筑层数
3 层 (带一个夹层)

建筑高度
10.7m

设计公司
郦文曦建筑事务所

主创建筑师
郦文曦

设计团队
林上亮、来鹏飞、
葛勇建、王红英

摄影
郦文曦、范舟、徐一菲

俯瞰全景

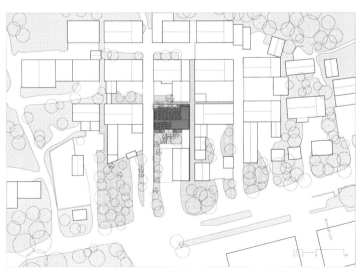

总平面图

"间之家"就是在这样一个粗糙的场所里生长出来的。建筑墙体以窄木模板混凝土制作，希望延续手工的感觉，大部分外墙上了一层白色乳胶漆，以弱化手工的痕迹。建筑内部则充分保留植物印痕和素混凝土的质感，外围墙丝毫未翻新，还是保留了老屋拆除时候的老墙。它不漂亮，但是有过去的气息。设计师想以这种冲突自身去回应断裂的文脉。

施工过程

建筑北侧

立面阳光

分离·穿透

    时间和空间都被认为是连续不可分割的，这两个词语很有意思，它们都以"间"结束，似乎暗示其内部有某种联系。

    作为"间之家"的"间"，首先是一种物理结构的限定，日常的琐碎感受总是在提示人们抛开整体的观念，转而去关注空气流转、光影变化、话外之音等隐匿的信息。家庭生活被 4.4m、3m、4m、3.3m 四个开间定义下来。家的日常就是在不同的"间"中穿行，只在某个短暂瞬间能够感受到墙作为巨型竖向分割结构的存在。这五片墙体和人的关系是明确但又若即若离的。

东侧晨曦

北立面晨光

二层平台

天台

从邻居家二楼看南侧院子

邻居家二楼平台

建筑靠近整个基地的最南侧。南侧庭园有一线阳光，北侧庭园有大面积荫翳，一旦墙体被竖向安排，空间就是南北贯通的，在室内能够感觉到风和光，并同时看到两侧庭园的灿烂与深邃。

间的概念1

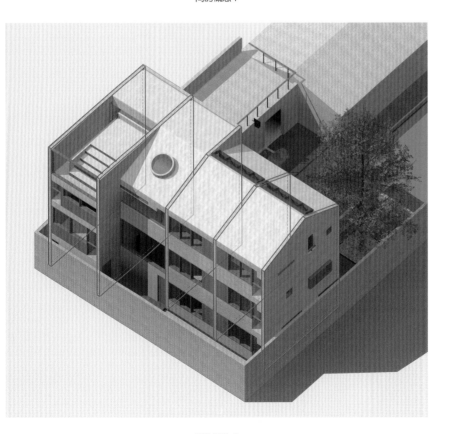

间的概念2

房间·开间·间

　　在"间之家"的设计中，设计师想表达一种和传统开间分割空间不一样的氛围。从"房间"到"开间"是空间操作的第一步。这意味着空间从四壁围合到南北贯通，结构上五片钢筋混凝土剪力墙成为主要的受力要素，与之相对的，其余墙体大部分为砖墙。不同的开间承担了不同的功能，它们彼此并列，相安无事，直到中间出现了一条走廊贯穿四个开间，这一疏离感即被打破。

　　从"开间"到"间"是空间操作的第二步。在日语中，"間"（读音：ma），这一重要的审美意识，在黑川雅之看来是去除整体概念的开始。在住宅里，"間"（读音：ken）指的是柱与柱之间的长度丈量单位。同一个概念的两种解释恰好构成了"间"在这一作品中的意义：生活需要尺度的规范，同时也需要穿透去看。"间之家"想要表达的就是在分割与贯穿之间的生活。

院子

餐厅

挑高空间

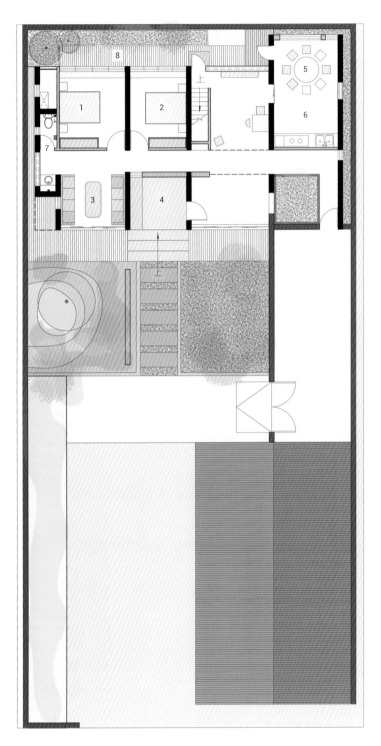

1. 主卧
2. 次卧
3. 客厅
4. 玄关
5. 餐厅
6. 厨房
7. 卫生间
8. 庭院

■ 原有墙体

▨ 老屋（现出租为里桐岭饭店）

一层平面图

室内壁龛　　　　　　　　　　　　　　书房　　　　　　　　　　　　　　沙发

条窗

阁楼竹筛子

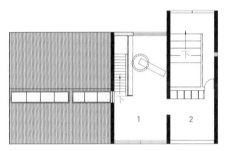

1. 谷仓
2. 冥想空间

夹层平面图

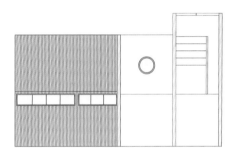

屋顶平面图

1. 主卧
2. 次卧
3. 客厅
4. 书房
5. 卫生间

二层平面图

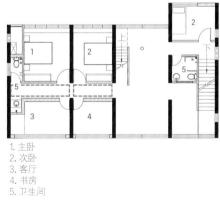

1. 主卧
2. 次卧
3. 客厅
4. 书房
5. 卫生间

三层平面图

南侧条形院子

南院子

土灶房门口

立面表情

设计师寄语

在"边界住宅"中，设计师探讨了园林中被抽象的"边界"在当代独立住宅中的转译，"间之家"则以不同尺度探讨了"间"这一建筑学概念。设计师希望在此后的每个作品里都能探讨一个建筑学核心词汇。

独立住宅是建筑师的原点，也是值得用一生去探讨的问题。真正的住宅创作区别于大规模工业化的建造，保持着内省与抵抗，它们拒绝商业化的标签，探讨居住的诗学。而居住的诗学不仅仅关乎舒适，空间的意义与惊喜是住宅设计的核心话题。

鸟瞰建筑北侧

鸟瞰夜景南侧

边界住宅

——一曲生活的民谣

项目选址

建筑师遇到本案业主，是在 2016 年冬季的一个晚上。闲聊中得知业主想在家乡为父母造一栋房子，他的家乡位于河南省漯河市市郊的村庄，基地在村尽头，直面田野。

建筑西侧鸟瞰

项目地点
河南省漯河市召陵区孙店村

建筑面积
180 m²

庭院面积
95 m²

设计公司
郦文曦建筑事务所

主创建筑师
郦文曦

设计团队
庞梦霞、来鹏飞

主体施工
李来获施工组

门窗
严传伟、夏珩、张春雷、
赵学兵、薛晓颖

栏杆、钢梯、门把手
薛艺博、李朋飞、孙登辉

摄影
映社

傍晚鸟瞰

总平面图

俯瞰

在田野里看西侧立面

围合的场地与童年的树木

　　设计之初的第一件事是建立一道围墙，这不是设计师们的初衷，而是当地的习俗。对此，本案主持建筑师郦文曦并不反对，因为围墙并不意味着阻隔，在他看来，围墙像是细胞膜，建构了一种选择透过的机制，也为他们的设计定下起点与依据。

南侧入口

　　围合一块地，圈出一片荒芜。设计师们推倒了破旧的红砖墙，把红砖搜集起来，作为新家的建材；然后移去原有的盆栽植株，暂时安顿在家门口的田埂旁；最后松开院子里的水泥地，露出湿润的泥土和青草。

从二层平台看主庭院

边庭

在围合的这块地里，有一家人几十年的回忆。老房子的中心原有一棵桂花树和一棵玉兰树。这棵不高的桂花树长得不错，陪伴了主人的童年时代、少年时代，一直到主人考上大学、毕业、工作。玉兰却在主人年少时死了，他很怀念这棵玉兰树，说树很高，年年开花。伴随围合这个动作出现的是内外与中心这对概念。

从边庭看二层

伴随围合这个动作出现的是"内外"与"中心"这对概念。内外之间的窗户是用来沟通内外的媒介，设计师们在围墙四周安排了九扇窗。它们大部分位于行走的路径上，形态各异，有的正对中心内院的向日葵地，为了让花开变成一幅画，挂在墙上；有的非常长，为的是截取白桦林的树梢；有的冲破墙角，只为望见更远处的山脉。

从庭院看外围墙

从入口看边庭

设计师在庭院里重新种植了玉兰树，还原了业主少年时的生活情景。

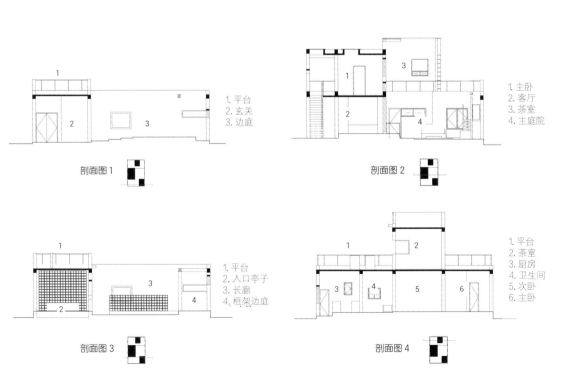

剖面图1

1. 平台
2. 玄关
3. 边庭

剖面图2

1. 主卧
2. 客厅
3. 茶室
4. 主庭院

剖面图3

1. 平台
2. 入口亭子
3. 长廊
4. 框架边庭

剖面图4

1. 平台
2. 茶室
3. 厨房
4. 卫生间
5. 次卧
6. 主卧

边界的建构

　　形体组织的逻辑围绕边界墙体而发生。入口在南侧，靠近邻居家，进入之后绕着边界墙体顺时针走动，经过亭子、走道、钢构架、小庭院，到西侧，或是进入客厅，或是走向二层。客厅直面主庭院，那里有玉兰树和旧时的桂花树。

　　树底下有通往高处的钢楼梯。高处，也就是入口亭子的屋顶，是一个独立于西侧大平台的小空间，虽然面积不大，但视野却异常开阔，向南向西望，都可以看见远处墨绿的树林。

钢构架

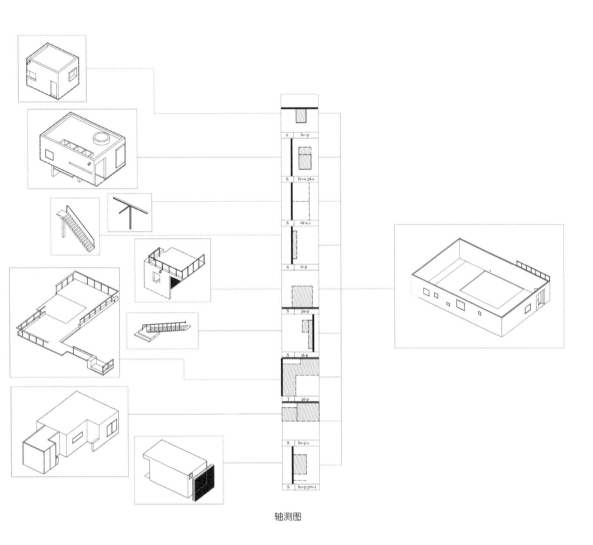

轴测图

从客厅看庭院

二层西侧的大平台则连接着一望无际的田野。亭子、客厅、卧室，三个体量分别占据南面、西面、北面，形成对内部庭园的夹持。以类型学的方式考量，在边界空间中，形体与围墙产生了九种空间关系，类比中国传统住宅对于边界墙体的处理，此处的九种空间关系分别是：房间与围墙的贴合与包含，楼梯与围墙的贴合，平台与围墙的贴合，钢架与围墙的包含与打断。其中钢架与围墙的抽象关系较少出现在中国传统住宅中，类似构造在拙政园卅六鸳鸯馆北侧廊架和留园北侧又一村廊架中出现，只是它们是连续的、线性的，此处则更强调空间转折时的过渡。

从亭子顶面看卧室

二层平台

从二层平台向西眺望

主庭院里的玉兰树

从二层过道看南面树林

南侧入口

　　透过西面的窗户可以望到远方，隔着南面的围墙能听到邻居的闲谈，在北面的小庭院里种植不愿见光的苔藓，在东面的院子里划出碎石的图案，在玉兰树下闻到春的气息，在灌木丛里看到向日葵开得肆无忌惮。一切都在这个不足 100m² 的地方发生，偶然地，却循环不止。它们在行走里被捣碎，与烟火气一起融入日常生活，虔诚而具体。

傍晚的卧室

夜晚的二层过道

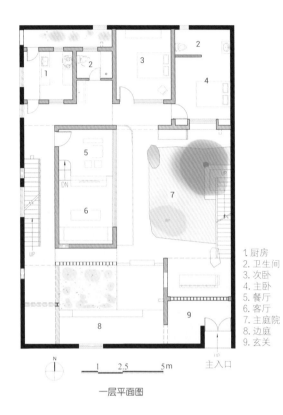

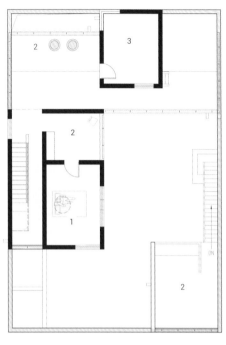

1. 厨房
2. 卫生间
3. 次卧
4. 主卧
5. 餐厅
6. 客厅
7. 主庭院
8. 边庭
9. 玄关

1. 主卧
2. 平台
3. 茶室

N

1　2.5　　　5m

主入口

一层平面图

二层平面图

主庭院夜景

主庭院与客厅夜景

项目施工过程

    门窗的设计草图表达了丰富的细节，所以玻璃与窗框的关系控制得很到位。栏杆、楼梯和门把手的设计也经过了反复推敲。虽然在整个沟通过程中存在一些不确定性因素，且最终成品和图纸都是有出入的，比如把手做反了，栏杆做薄了，楼梯做大了，等等，但庆幸的是效果没有想象的那么糟。建筑师希望这个房子能一直陪伴业主一家，直到百年之后成为其所在地的一处遗迹，也成为设计师的另一处故乡。

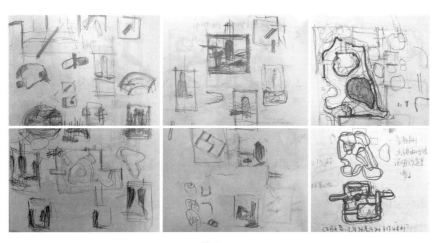

草图

施工过程

业主的感受

　　很久以来，业主都想给父母建一所房子，因为旧房子已经住了三十年了，现实情况已经不适宜居住了，几经翻修，也是缝缝补补，父母虽然不明说，但是想住上一所新房子是老人多年的愿望。工作以后自己有了一定的经济基础，这个建新房的愿望也越来越强烈。姐弟两人不常在家住，平时只在周末回家。对新房的期待主要集中在有足够的生活空间，容得下父母、姐姐一家和今后成家的自己，不过大多数时候只有父母两个人居住，小而温馨是当时考虑的主要现实因素。另外一个想法就是建一所有趣的房子。

在亭子顶上往北看

二层卧室

向日葵

在房子进入建造阶段后，业主父亲的精神好得出奇，每天都在现场一起参与施工，以前每年都有一两次感冒的父亲竟然全年都没有生病，那种欣喜之情溢于言表。安装门窗那天，业主跟父亲通电话，当时父亲在二楼的阳台，电话里业主能感到那个位置的夏风拂面。他问父亲有什么感受，不善言辞的父亲轻轻地说："像画一样。"那一刻，生活的美好尽在眼前。

从入口看卧室

　　新房子造好以后，业主真切地感受到了住宅对家庭的生活意义。姐姐的小女儿才一两岁，每次一到家就在院子里兴奋地嬉戏，绕着房子跑来跑去，因为有丰富的路径和空间让她玩耍。父母每天都会看一看院子里的玉兰、桂花，还有那些自己栽的花花草草，去菜园劳作，回到家里享受着生活的朴实。家里总有亲朋好友来串门，客厅和卧室相对独立，保证了卧室里的安静氛围，给阅读创造了空间。

　　春天，院子里的玉兰开花了，不时有鸟儿栖息在枝头。房子的侧面有田野，透过长条窗看去，绿油油的麦子如画卷般映入眼帘。夏天，业主父亲更多的时候都是在打理庭院，给树和花浇水，惬意闲适。夜晚，二楼的阳台微风习习，父亲有时会在那里抽烟、喝茶。秋天，院子里开始多了落叶，借着圆形天窗，很容易感受到秋高气爽，偶尔甚至还能看到有飞机划过天空。这个季节的傍晚时分，打开室内灯光，能够感受到强烈的温馨。冬天，左邻右舍、叔伯成了家里的常客，这实在是房子光线的功劳，亲朋好友坐在客厅，阳光透过玻璃门透射进来，大家聚在一起闲聊，满是冬天的舒适。正如《我的空中楼阁》中所说，虽不养鸟，每天早晨有鸟语盈耳；无需挂画，门外有幅巨画——名叫自然。

陆宅

——崇明岛上的万花筒住宅

主入口

设计概述

陆宅是为在上海居住的三口之家设计的周末住宅，建造在上海的崇明岛上。老房子是20世纪80年代的建筑，需要把原建筑拆除后在原地新建。根据老房屋的体量和面积，结合当地用地规划，首层要控制在160m²、楼层是三层的坡顶结构，辅房的一层建筑面积60m²。

陆宅设计是想在睡觉和吃饭之间平淡的往返中创造更多可能的路线和"多余"的空间，以极少的物质载体，营造出多样的精神空间，以及过去、现在和未来对望的风景万花筒。

因为陆宅属于自建房，因此设计上还是相对自由的，只是起初因为不了解当地土地规划政策，设计了一个合院的方案，超出了面积限制，所以把已经施工好的基础拆除了。目前这个房子的建成方案是第二个方案，将建筑面积控制在了当地政策允许的范围内。

立面局部，可开启的星座窗

项目地点
上海市崇明岛

基地面积
1000 m²

建筑面积
300 m²

设计公司
元秀万建筑事务所

主创设计师
元秀万

设计团队
邹赫、王庆瑞

结构设计
江河

家具设计
元秀万（茶几、艺术座椅、餐桌、边桌）

摄影
吕晓斌

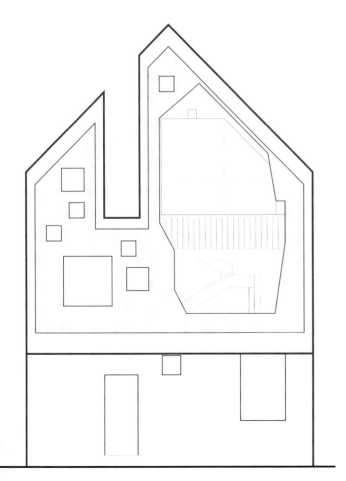

西立面图

动线设计

基地的面积大约为 1000m²，东面是一条宅间道路，可以一直穿过苗圃，西面是河道和树木，每个方向都具有独特的风景线。

大门设置在东南方向道路交叉口，避免了与紧张的道路正面冲突以及和邻里建筑过近的视觉干扰。刻意拉长的这条动线以大门为起始点，与道路平行的主楼建筑形成 45° 角。次入口设置在主楼的东面，顺着这条次动线一直向西与分割内外庭院的主动线交汇。

从主要道路看建筑

总平面图

1. 入口
2. 主入口
3. 次入口
4. 内院
5. 外院
6. 主楼
7. 停车场
8. 辅房屋顶平台
9. 院落
10. 主干道

0 1 2 3 4 5m

鸟瞰

平台与建筑

从西面庭院看建筑

外立面透视

从邻里田地看建筑 1

从邻里田地看建筑 2

从主入口看建筑 1

从主入口看建筑 2

空间分布

　　整个居住空间围绕内外庭院展开,内庭院的东侧是客厅,北侧是过道和通向二层的楼梯,外庭院的西侧一层是卧室,二层则是主卧室,三层是工作室兼多功能室。

　　整个室内的设计风格为现代极简风格,纯白色被广泛应用。客厅紧邻内庭院,摆放着精心设计的茶几,搭配纯白色的布艺沙发,金属质感十足。一把红色的椅子与整体的白色形成了强烈的视觉对比与冲击。餐厅内部摆放着长方形实木餐桌,透明的座椅和落地窗将室内外自然地衔接到一起。卧室里简洁干净,没有多余的装饰,床头部分的实木收纳空间既实用,又为室内带来了一抹温暖的色调。工作室和多功能室位于阁楼,坐在沙发上,可透过不规则窗体望向室外。主卧室和工作室通过向外挑出的两层通高空间设置了景观楼梯,可以一边浏览户外风景一边往返于两个空间。

客厅,精心设计的茶几

客厅,内庭院向外庭院延伸

客厅,内庭院与户外

客厅看主入口大门

东西轴线走廊

餐厅

主卧室

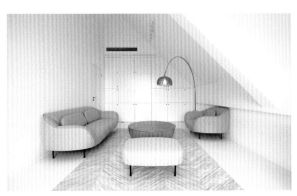

工作室

三楼走廊下楼梯

三层工作室

通向三层的钢楼梯

次卧室

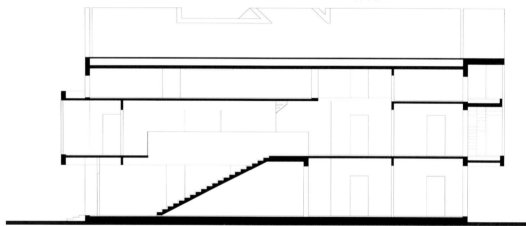

东西剖面图

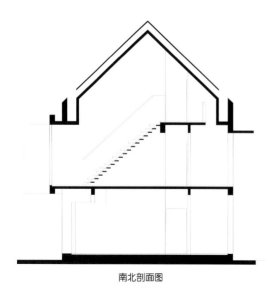

南北剖面图

工作室兼多功能室

内外庭院通过 45° 轴线的门厅过道联系，高低窗洞的开设将内外之间的界限模糊，向场外开启的落地大窗将室外景色引入室内。窗洞的风景引导不确定路线，徘徊和不确定让人看到了不一样的风景，留下重复和差异的记忆。

上下楼梯相遇在两个轴线的交汇处，一个是向西的花园，另一个是向北的丛林。铺满细石的云状平台像海浪般涌向绿洲上空。

辅房与主楼过道

45° 轴线入口走廊

从东西轴线走廊侧看内庭院

通向二楼的楼梯

楼梯局部　　　　　　　　　　　　　　　二楼东西轴线走廊

从二楼东西轴线与 45° 轴线交汇处看内外风景

西面楼梯和阳台的框景

西面观景阳台

从东西轴线走廊看北面树林

内庭院

艺术座椅

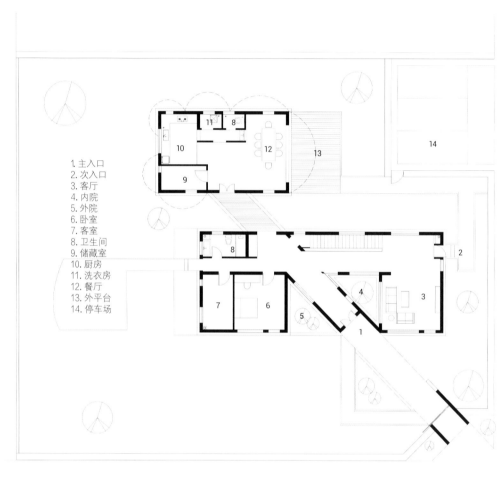

1. 主入口
2. 次入口
3. 客厅
4. 内院
5. 外院
6. 卧室
7. 客室
8. 卫生间
9. 储藏室
10. 厨房
11. 洗衣房
12. 餐厅
13. 外平台
14. 停车场

0　1　2　3　4　5m

一层平面图

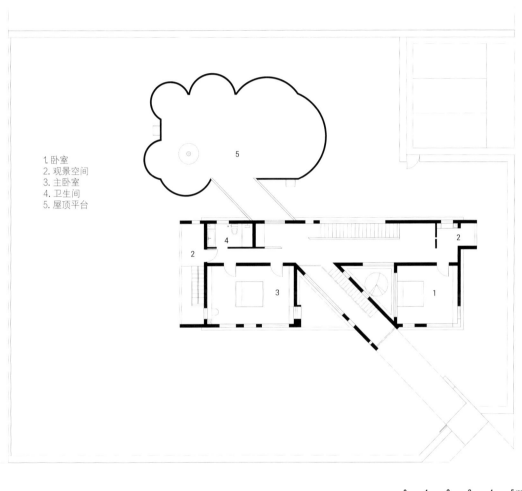

1. 卧室
2. 观景空间
3. 主卧室
4. 卫生间
5. 屋顶平台

0 1 2 3 4 5m

二层平面图

从户外看厨房和餐厅

餐厅与户外

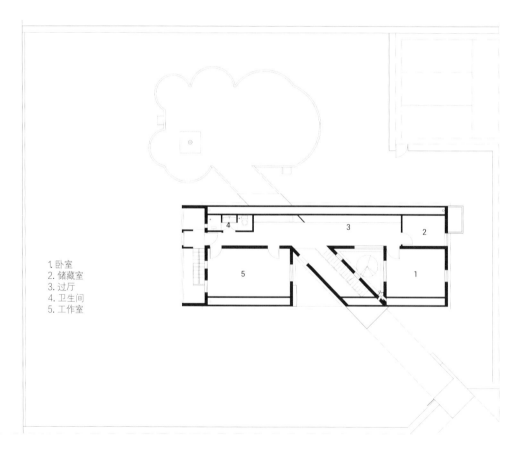

1. 卧室
2. 储藏室
3. 过厅
4. 卫生间
5. 工作室

三层平面图

0　1　2　3　4　5m

鸟瞰图

外庭院与建筑立面

沿主道路看建筑

设计的价值

　　崇明岛通过一座跨海大桥与上海连接，一条陈海公路贯穿整个岛屿。矩形的道路网之间是农田和苗圃，建筑分布在道路的两侧。陆宅在红汲西路的北侧，陆宅的北侧是苗圃和农田，农田的北侧就是另一个村子。老房屋的结构是这个岛上住宅空间的样板，具有国内民宅的普遍特点。20世纪90年代初城市大开发迅速而农村建设缓慢，仅仅满足睡觉和吃饭的最基本物质空间布局已经无法让年轻人留恋，更多的年轻人流入城市，村子里剩下的是老人和空房。

　　日渐没落的农村需要注入一个崭新的趋向未来而具有生命力的居住空间。开放流动的空间和精心策划的窗洞让原本无趣、乏味的居住空间有了生机，具有创新思想的这条连接城市和乡村的轴线将矩形的内庭院一分为二，一个是围合的三角形内庭院，另一个是开放的外庭院。这是一个具有挑战性的空间布局，必然会对乡村住宅和商品住宅有一定的启示和引导。

　　陆宅的完成引起了城市人群的关注，给在上海居住工作的崇明本土人一个可选择的方向，即第二居所或周末住宅，触动年轻人回到村子里与老人们共处，并使得村镇闲置的房子和即将坍塌的房屋有了可持续发展的可能性。

王宅

——面向田园的"弓"字形住宅

沿道路透视图

项目建造体量及所在地自然状况

　　王宅位于上海市的乡村。村子里的房屋基本都是 20 世纪 80 年代的建筑。由于年久失修，原建筑已成危房，需要推倒新建。结合当地的土地规划政策，以原房屋的体量和面积为依据，新建筑的主楼是两层半的坡顶框架结构，首层需要控制在 98m^2，辅助用房是 40m^2 的一层平顶结构。

　　项目所在村落大概有二十多户人家，房子分布在村队道路的两侧，南侧房子面朝大片的农庄和温室大棚，北侧房子背靠一条小河道和林间小路。村中道路与林间小路一桥相隔，基地北面正对着这座桥。

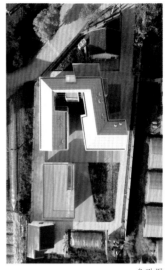

鸟瞰图

项目地点
上海市崇明岛

建筑面积
240 m^2

设计公司
元秀万建筑事务所

主创建筑师
元秀万

设计团队
邹赫、金宽勇、宋山峰（结构）

摄影
吕晓斌

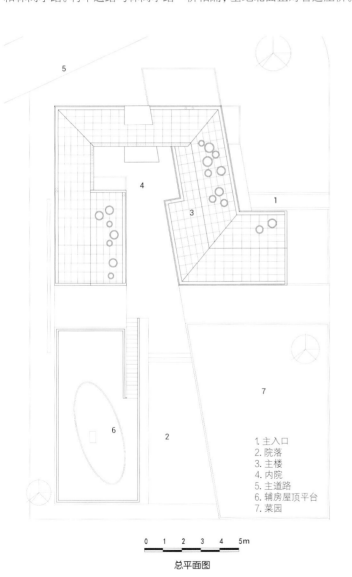

1.主入口
2.院落
3.主楼
4.内院
5.主道路
6.辅房屋顶平台
7.菜园

0　1　2　3　4　5m

总平面图

建筑设计要素及功能分区

　　建筑师将条状功能带以"弓"字弯曲植入梯形用地范围内，围合出 U 形庭院，面向开阔的田园。由东向西顺着弯曲的"弓"字形动线依次布置了客厅、餐厅厨房、可到达二层的楼梯和向内围合的廊道，老人卧室在走廊的端部。二层则是主卧、卫生间、通向阁楼三层的楼梯、观景工作室、通向一层的楼梯，通过卧室靠外窗的楼梯可以到达三层阁楼的卧室兼工作室。由西向东布置卧室兼工作室、卫生间走廊、可到达二层的楼梯，东南转角是卧室。站在三层中心位置向北可以看到小桥、林间小路和田园，向南可以眺望远处的村落。

沿道路看建筑

鸟瞰图局部

转角窗 1　　　　　　　　　　　　　　　　　转角窗 2　　　　　　　　　　　　　　　　　远看转角窗

建筑与植物呼应

透过顶层圆形大小不一的天窗仰望星空,使人感觉似乎居住在星空之上。

鸟瞰图

局部透视图

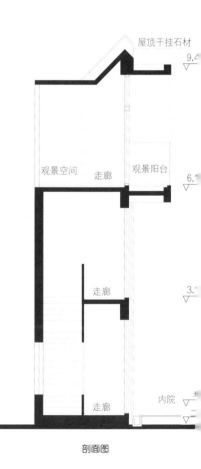

剖面图

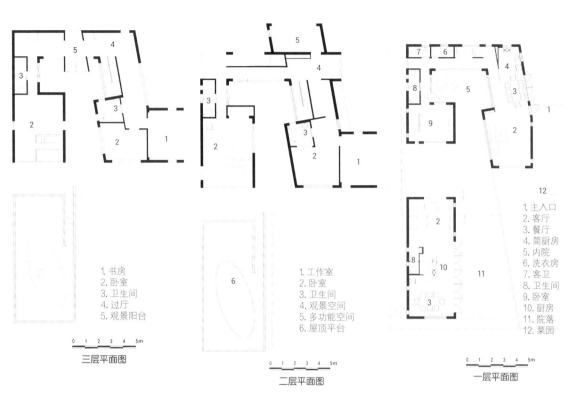

1. 书房
2. 卧室
3. 卫生间
4. 过厅
5. 观景阳台

0 1 2 3 4 5m

三层平面图

1. 工作室
2. 卧室
3. 卫生间
4. 观景空间
5. 多功能空间
6. 屋顶平台

0 1 2 3 4 5m

二层平面图

1. 主入口
2. 客厅
3. 餐厅
4. 简厨房
5. 内院
6. 洗衣房
7. 客卫
8. 卫生间
9. 卧室
10. 厨房
11. 院落
12. 菜园

0 1 2 3 4 5m

一层平面图

夜晚局部鸟瞰图

施工与工艺

　　由于圆形的预制钢窗重量很大，三层空间的坡顶又较为陡峭，因此在施工中也遇到了不小的难度。首先坡屋面的钢筋要与钢窗有效弯曲焊接，钢窗的自重和倾斜需要在倾斜的屋面上再搭一道脚手架固定钢窗后才能浇筑，这给屋面混凝土浇筑带来不小的麻烦。为了能够让屋面和钢窗结合得更加自然，屋面采用了干挂白色花岗岩石材。为了将北面的田园景色更好地引入室内，向北突出的超大玻璃窗也是特别定制的。由于场地及室内空间狭小，在安装这个玻璃窗的时候也都需要人力来安装。

建筑成为沿路的风景

立面开窗

项目建设的意义

    在这个人数不多的小村子里，这座纯白的建筑犹如遗世独立般存在。弯曲的功能布置使得空间与空间的关系如弓箭上的弦一般紧张起来。窗外的风景画面在这张颤抖的弓弦上产生了动态的变化。居住者有了行动的欲望，空间也有了生命力，并且记录了业主积极丰富的生活轨迹。

内院

局部空间

从辅房屋顶看向建筑

山麓上的白色住宅

——乡建新民居探索

项目建造背景

营造私宅，设计师与业主的观念能够达成一致非常重要。时下乡建如火如荼，此前接到过很多类似的委托，最终都因双方的各持己见而放弃。

而这次似乎和以往不同，初次接触业主的观念认知就与设计团队高度契合。这是一栋真正要"住"的房子，业主过去在广州、深圳打拼多年，但对家乡和田园生活的强烈向往，让她毅然选择回乡常住。几轮沟通后，设计师决定前往江西勘察场地。

项目场地位于赣南山间的村落边缘，背靠山林，静怡安宁。站在场地中央，山林树影斑驳，一座独守山麓的静谧白屋在设计师的脑中浮现。

建筑夜景

项目地点
江西省赣州市

项目面积
300 m²

设计公司
铭鼎空间艺术工作室

主创设计师
金丰

摄影
欧阳云

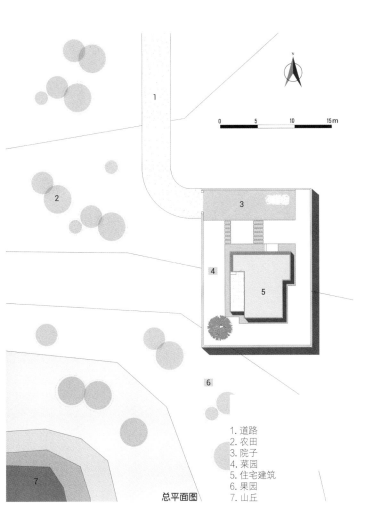

0   5   10   15m

1. 道路
2. 农田
3. 院子
4. 菜园
5. 住宅建筑
6. 果园
7. 山丘

总平面图

设计之初面临的挑战

在设计之初，设计师首先要面对的难题是新民居与当地风貌的契合，以及业主对于环境的需求。当地传统民居形式以堂屋为中心，虽有其优势，但业主却早已习惯现代的生活方式了。况且真要构筑传统庭院，某种程度上已成"奢侈梦想"。在有限的预算和建筑面积之内，设计师需要做出性价比更高的选择。在与业主充分沟通后，他决定既不崇洋，亦不复古，从功能出发，以简单的几何体块构建空间。

夜幕下的建筑全貌

建筑外观设计

居住空间是随着人们的生活习惯而发生改变的。在乡下，新房子常被当作外化的脸面，流于浮华攀比，于是许多半土不洋的欧式小楼就流行了起来。而这座建筑却不然，它方正、纯白，实实在在地生于山麓。墙面上不规则地开着一些大大小小的窗户，让方圆数百里的人们着实"奇怪"了很久。庭院周围静怡安宁，郁郁葱葱；山林树影与这白色和谐地呼应着。日月星辰交替，不同的光让它呈现出不同的影像。坐在二楼的露台上端起一杯香茶，望着满眼的绿色，悠然自得。房子是生活的容器，这座白色房子也反映了业主的现代生活理念。

建筑北立面

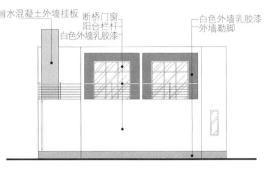

清水混凝土外墙挂板
断桥门窗
阳台栏杆
白色外墙乳胶漆
白色外墙乳胶漆
外墙勒脚

南立面图

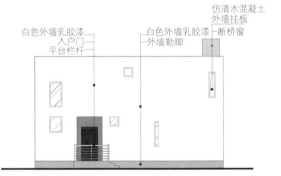

白色外墙乳胶漆
入户门
平台栏杆
白色外墙乳胶漆
外墙勒脚
断桥窗
仿清水混凝土
外墙挂板

北立面图

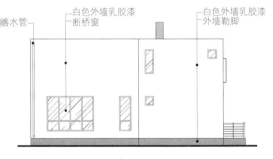

落水管
白色外墙乳胶漆
断桥窗
白色外墙乳胶漆
外墙勒脚

东立面图

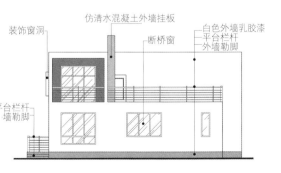

装饰窗洞
仿清水混凝土外墙挂板
断桥窗
白色外墙乳胶漆
平台栏杆
外墙勒脚
台栏杆
墙勒脚

西立面图

清晨中的建筑局部

室内设计

　　室内空间以白色为主，总体呈现现代简约风格。清水砖墙既是主体结构又是粗犷豪放的内装饰面，性价比优越。简洁利落的线条将各功能区有序分割，容纳更丰富的现代家庭生活。整墙欧松板既是背景结构也形成空间界面，将客厅与餐厅分隔开来，与仿混凝土地砖和明装线管相互映衬，以温暖的纹理平衡着硬朗的工业基调。客厅里摆放着灰色的布艺沙发和茶几，枝形吊灯精致且简约，营造了舒适安静的休闲空间。卧室的阳台部分设计了落地窗，既增加了室内的光照，也方便观赏窗外的自然景色。

与客厅一墙之隔的餐厅

餐厅局部

1. 楼梯间
2. 休息区
3. 卫生间
4. 卧室
5. 阳台
6. 过道
7. 露台

二层平面图

1. 外门厅
2. 门厅
3. 客卫
4. 洗衣间
5. 游戏室（客卧）
6. 厨房
7. 储藏室
8. 起居室
9. 餐厅
10. 楼梯间

一层平面图

楼梯局部

卧室里的落地玻璃窗增加了室内采光

欧松板墙壁　　　　　　　　　客厅内的布艺沙发　　　　　　　　　　　　　　　　客厅全貌

设计中的前瞻性

设计师发现在许多乡村中，最大的问题是没有完善的基础设施规划与建设。没有统一的垃圾和粪便处理设施，随意的污水排放与垃圾丢弃甚至已经影响到了村里的水源。因此设计师决定采用化粪设施来解决乡村生活的排污问题，有机垃圾发酵后用作肥料也能"反哺"菜园。

乡建如果只是一味地关注个人生活而忽视环境，是不可取的，设计应当对自然有一份责任。

建筑周边美丽的田园风光

施工过程中遇到的问题及解决方法

在为期一年半的建造过程中，设计团队从实地勘察、平整土地、庭院布局、结构施工直到内装陈设、细部优化等全程跟踪指导，使设计方案得以最终呈现。设计师遇到的问题是指导现场施工。当地工人习惯了多年固定的建房做法，需要一个过程来了解和接受新的设计与做法。设计师与工人们耐心交流，最终使设计方案成功落地。在建筑材料的选择上，设计师们就近取材，于本地购买简单实用的建筑材料，构成在地性与现代性结合的理想之家。当房子主体结构完成，门窗安装完毕以后，人可以进去感受里面的空间关系，特别是走到二楼露台看到对面的山林时，设计师和业主都松了口气。质朴高效的设计理念，注重设计落地过程中的每一个细节，使项目得以完整呈现。

夜幕下建筑内部灯火阑珊

项目建成后的评价

本案的极简气质与乡村已有的业态差异化，使得设计价值最终释放，超越了邻里的界限，将"怪异"化解成"新鲜"直至释怀接纳。在如火如荼的乡建大潮中为当代乡村生活方式提供了某种参照，在从众与自立之间找到了协调的比例，开掘出一面真实而深刻的心境自留地。

设计公司名录

DK 大可建筑设计（P.095）
地址：北京市朝阳区高碑店 J 区 18-10
电话：18101308898
邮箱：dake_aa@163.com

KAI 建筑工作室（P.051）
地址：北京市东城区东四北大街 107 号科林大厦 A 座 606
电话：18710179497
邮箱：xiekai@atelierkai.cn

SILOxDESIGN（P.051）
电话：18317026379
邮箱：info@siloxdesign.com

灰空间建筑事务所（P.161）
地址：上海市杨浦区四平路 1388 号 C 座 707
电话：021-55272756
邮箱：press@igrey.cn

甲乙丙设计（P.111，P.123）
地址：北京市怀柔区渤海镇慕田峪村 12 号，慕田峪长城脚下小园
电话：13911867315
邮箱：jim.spear@chinaboundltd.com

建筑营设计工作室（P.083）
地址：北京市朝阳区酒仙桥北路七九八艺术区工美楼 301 室
电话：010-57623027
邮箱：archstudio@126.com

郦文曦建筑事务所（P.175，P.187）
地址：浙江省杭州市钱塘新区文渊北路 166 号 8 楼
电话：13914012838
邮箱：inarchitects@163.com

铭鼎空间艺术工作室（P.225）
地址：广东省广州市南沙区珠江湾国际公寓
电话：15821137837
邮箱：1051070279@qq.com

同一建筑设计事务所（P.147）
地址：上海市长江南路 99 号同济创园 2 幢 M1 层 04 室
电话：021-56696990
邮箱：info@tyarchitects.com

元秀万建筑事务所（P.203，P.217）
地址：上海市南京西路 1081 弄 19 号前门
电话：13671554941，021-52287066
邮箱：1697437292@qq.com

悦集建筑（P.033）
地址：重庆市渝中区重庆天地嘉金路 5 号翠湖天地 LOFT 7-8
电话：023-62311090
邮箱：cqyueji@163.com

在场建筑（P.111，P.123）
地址：北京市朝阳区酒仙桥路 10 号奥赫空间 3 层 B03 室
电话：13911751726
邮箱：wkzhong@spaceworkarchitects.com

之行建筑设计事务所（P.131）
地址：湖南省长沙市雨花区高升星光天地写字楼 4 栋 7 层
电话：18153332966
邮箱：info@zhixing-architects.com

中国美术学院风景建筑设计研究总院（P.067）
地址：浙江省杭州市西湖区西斗门路 18 号、20 号
电话：13175053890（陈夏未）
邮箱：273766252@qq.com